Howard Green

培養細胞による治療

大和　雅之　訳

コロナ社

THERAPY
WITH
CULTURED CELLS

by

Howard Green

Authorized translation from English language edition published by
CRC Press,
an imprint of Taylor & Francis Group LLC
Japanese translation rights arranged with Taylor & Francis Group, Florida
through Tuttle-Mori Agency, Inc., Tokyo

訳者まえがき

本書は二〇一五年、九〇歳で亡くなったハワード・グリーン先生が二〇一〇年に出版された著書（Therapy with Cultured Cells）の翻訳である。

本書をお読みいただければ明らかなように、グリーン先生は世界で最初に培養細胞を用いてヒト臨床を行った、いわば再生医療の父であるとともに、細胞生物学の父でもある。グリーン先生の基礎生命科学としての細胞生物学における貢献は大き過ぎて、枚挙に暇（いとま）がないほどである。だが、本書では３Ｔ３細胞株の誕生の経緯について言及している。３Ｔ３細胞株は、分子生物学の実験で、もっとも多用されてきた細胞株であり、これを用いた上皮細胞のフィーダーレイヤー法は現在のＥＳ細胞、ｉＰＳ細胞の標準的な培養法としても使われている。

このようにグリーン先生の現代生命科学における貢献には目をみはるものが多数あり、もう少し長生きできればノーベル賞受賞は間違いないと訳者は確信していたのだが、残念である。訳者は、グリーン先生の生前、ハーバード大学の先生のオフィスでの会見をはじめとして、何度かお会いしてじっくりお話する機会をもつことができたことを誇りにしているものである。先生は科学的洞察はもちろん、どのような話題においても的確なご意見を表明され、月並みな表現であるが、大変頭のよい方であるとの印象をもつとともに大変素晴らしいお人柄に敬服した。事実、本書にも記載があるように、グリーン先生の研究室での研究経験をもつ世界中の多数の研究者が、上皮細胞の基礎研究と再生医療を牽引しているのである。

訳者は、再生医療、上皮の細胞生物学に興味をおもちの日本の読者により読みやすい訳書を提供することは、日本の再生医療リテラシーの向上に役立つものと考え、翻訳の労をとった。本書は末尾に網羅的かつ膨大な引用文献のリストを有している。本文を楽しんで読んでいただくとともに、気になった箇所では引用文献に直接あたって、より深い理解を目指していただきたい。すべての読者が知的興奮とともに本訳書をエンジョイすることを期待する。

二〇一七年一二月

大和　雅之

まえがき

三〇年以上も前に、私の研究室で培養細胞を用いた人の治療が誕生してから、私は細胞治療の領域の研究一筋に取り組んできた。それ以来、細胞治療は人々の関心を集め、米国、フランス、イタリア、スウェーデン、オランダ、日本、韓国の研究者たちがこの領域の研究に参入してきた。産業からも細胞治療に参入するようになった。私は本書で、細胞培養の黎明期と、さまざまな疾患の治療に用いられたさまざまな種類の培養細胞について書こうと思う。非常に多数の患者が治療を受け、得られた結果は良好であった。

私はまた、胚性幹細胞[1]に関する記述と、胚性幹細胞由来の体細胞を人の治療に用いる前に解決されなければならない諸問題についてもこの本に含めようと思う。

訳注

（1）胚性幹細胞：本書の原書はシンガポールの出版社から二〇一〇年に出版された。本書の執筆当時、著者のグリーンはハーバード大学の教授職にあり、米国東海岸ボストン在住であった。

当時米国では胚性幹細胞（ＥＳ細胞）を細胞ソースとした再生医療の可能性に多くの研究者と産業、国民が熱狂していた。日本ではこれに少し遅れてｉＰＳ細胞を細胞ソースとした再生医療の可能性に多くの熱狂が生じるが、著者のグリーンはこれらの多能性幹細胞に固有の問題が存在することを解説することも忘れていない。卓越した細胞生物学者ならではの指摘であり、傾聴に値するものである。

目次

1　細胞培養の黎明期

一九世紀初頭以来、科学の世界にとって、培養下にある微生物の研究は旧知のものであった。しかし、動物の細胞を研究するためには、細胞を動物の個体から単離し、試験管の中で生かし続ける必要があった。これが可能になったのは、組織培養[2]が発明された二〇世紀のことである。この線上の研究が、最終的に、数々の発見を生物学と医学の領域にもたらすこととなった。今では動物細胞の培養の役割は増加し続けている。

外植片培養

最初に詳述された試験管内での動物組織の培養の記録は、ジョンズ・ホプキンス大学のロス・グランビル・ハリソンによるものである。彼は蛙の胎児の組織が外植片培養[3]において正常に成長することを示した(Harrison et al., 1907)。一九一〇年には、ロックフェラー研究所のアレクシス・カレルとモントローズ・T・バローズが、哺乳類の成体組織の外植片の培養に成功した(Carrell and Burrows, 1910a; 1910b)。

細胞培養への移行

それから数年後、分散させた哺乳類の細胞の最初の継代培養が報告された[4](Rous and Jones, 1916)。これらの研究者たちは、生きている組織片はトリプシンを用いて分散させることができ、その結果できる細胞分散液はバクテリアのように培養皿に播種し、少なくとも二回は継代できることを示した。

培養細胞の栄養要求性

胎児抽出物を含む複雑な培地の利用を不要とするために、培養細胞の栄養要求性を決定することに最初に関心が向けられるまでに、長い時間がかかってしまった[5](Eagle, 1955)。この目的のために、イーグルは、マウスの線維芽細胞の細胞株であるL株(Sanford et al, 1948)とヒト子宮腫瘍由来細胞、ＨｅＬａ細胞（Scherer et al., 1953）を用いた。イーグルは、一三種のアミノ酸、グルタミンと八種のビタミン、六種の塩類、少量の透析した血清タンパク質など、合計で二九種の因子が細胞の成長に必要であると示すことに成功した。血清タンパク質要求性は、[6]ポリペプチドホルモンの添加で置き換えられることがわかった（Hayashi and Sato, 1976）。培地含有物の数を減らそうとする他の試みは、ハムと共同研究者等によって、記載されている（Ham, 1965, Hamilton and Ham, 1977）。

培養細胞に関する現代的な研究では、培養細胞の最小の栄養要求性を明らかにすることを目的としたような研究は通常、行われていない。

しかし、さまざまな種類の哺乳類の細胞の成長をサポートするのに最適な培地組成については研究されてきた。このような組成は、イーグル培地にダルベッコとヴォートが改良を加えた組成に基づいており、市販もされている。

培養細胞の利用

1　ウイルスの活動の研究

この目的のための研究は、[7]ラウス肉腫ウイルス（Temin and Rubin, 1958）、ＳＶ４０（Todaro

and Green, 1964,)、[8]ポリオーマウイルス（Macpherson and Montagnier, 1964）、および[9]アデノウイルス（Freeman et al., 1967）に関して行われた。

2　ポリオ脊髄炎ウイルスの免疫

培養細胞が、ポリオ脊髄炎ウイルスを増殖させるのに用いることができるという重要な発見は、ジョン・エンダースと彼の共同研究者たちによってなされた。彼らは、ポリオ脊髄炎ウイルスが試験管内で培養された神経以外の細胞（人の胎児皮膚や筋肉など）の中でも増殖できることを見出した。

彼らは、培養系で増殖させたポリオ脊髄炎ウイルスの毒性が、マウスの脳への播種で検証すると、一〇万倍から一〇〇〇万倍の範囲にまで劇的に減少することを発見した（Elders et al., 1949）。これらの発見により、[10]安全で効果的な免疫法が可能となったのである。この方法は現在に至るまで、用いられ続けている。

3　細胞移動の研究

3T3細胞の移動の研究が、細胞の貪食の軌跡と、[11]アクチンあるいはチュブリンを含む線維の配向と比較することでなされた。チュブリンを含む要素は、細胞が移動する方向と平行に配向していた（Albrecht-Buehler, 1977）。

4　分化細胞の性質に関する研究

マウスの脂肪前駆細胞である3T3－L1の発見は一つの例である。[12] この細胞は、培養系で無限に増殖することができるが、成長を止められると、脂肪細胞に変化するのである（Green and Kehinde, 1974; Green and Meuth, 1974）（図1）。この細胞株の論文は、七万九〇〇〇回も引用され[13]ており、これと類似した他の細胞株は、現在でも、脂肪細胞の分化のさまざまな局面の研究に世界中で利用されている。

5 ジェンバンクのデータの検証[14]

終末分化したケラチノサイト[15]の架橋化されたエンベロープの前駆体であるインボルクリン[16]のアミノ酸配列をコードしている遺伝子は、最近まで、胎盤哺乳類以外の種では検出されていなかった。ジェンバンクのデータから、インボルクリン遺伝子が、有袋類や鳥類など進化系統樹的に離れた種にも同定することが可能となった。

しかし、この結論は、実験的に検証される必要があると思われる。ニワトリ（Gallus）の表皮の組織切片を作り、ニワトリのインボルクリン遺伝子がコードしているペプチド配列に対する抗体を使って、染色した。結果は、表皮の角化層が強く染色されていた（図2）。

6 ヒト遺伝子の染色体への割当てに関する研究。

ヒトとマウスの染色体をともに含む体細胞のハイブリッド[17]（交雑体）は、選択的にヒト染色体を排除する傾向が見られる。これを利用して、ヒト遺伝子の発現と特定の染色体の存在に関連付

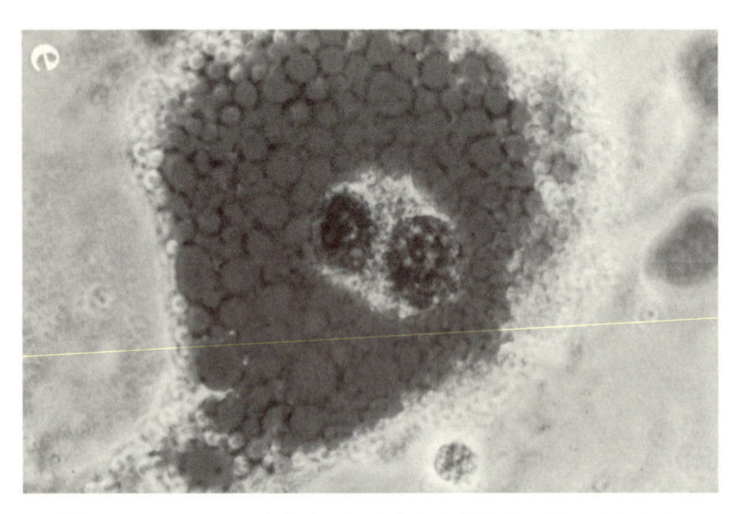

図 1　オイルOレッド色素で染色された脂肪を大量に含有する3T3-L1 細胞株の一細胞。この細胞は、細胞分裂の不良により、核を二つもっている

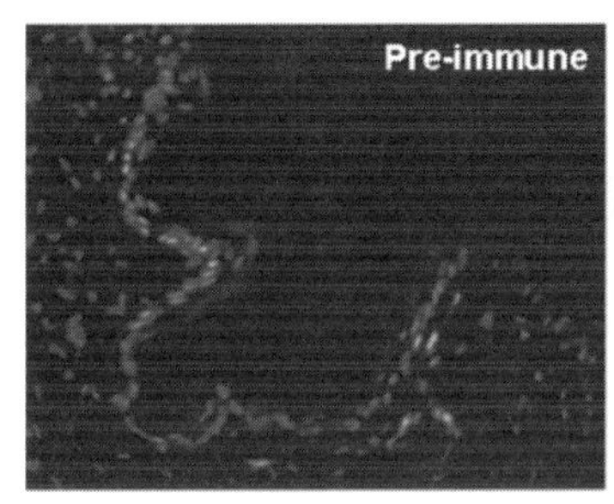

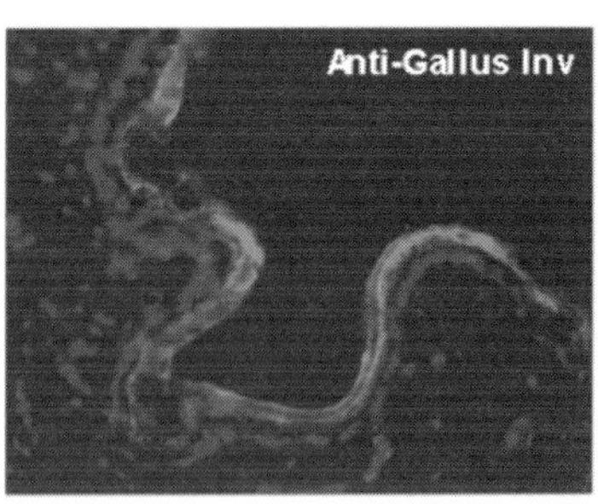

図 2　インボルクリンに対する抗体で染色した（赤）ニワトリの皮膚の組織切片。DNA を DAPI（青）で共染色した。角化層が強く染色されている。免疫していない血清はバックグランドにかすかなパッチ状の染色を示すのみである（Vabhoutteghem, Djian, and Green, 2008）
※カラーの図がコロナ社の web にあります

けることができる。このようにして，チミジンキナーゼのヒト遺伝子の特定の染色体への割付けが可能となった（Weiss and Green, 1967）。このような研究は，また，ポリオ脊髄炎ウイルス受容体遺伝子を19番染色体に割付けることをも可能にした（Miller et al., 1974）。

この種の研究は，後に，ヒトゲノムの塩基配列がすべて決定されるようになると，時代遅れとなった。

7　モノクローナル抗体の生産

この時期になされた最も重要な発見のうちの一つとして，マウスミエローマ細胞株と，マウス脾臓細胞の融合によるモノクローナル抗体の開発がある（Kohler and Milstein, 1975）。こうして作られたモノクローナル抗体は，それ以来，[18] 医療現場で処置にも重要な役割を果たしてきた。

8　ケラチノサイトのトランスグルタミナーゼの欠損による疾患の研究

ケラチノサイトは，終末分化の後期に，架橋化されたエンベロープを作り，イオン性の界面活性剤や還元剤に抵抗性を示す（Rice and Green, 1977）。この架橋のプロセスは，ケラチノサイトの細胞膜に固定化されているトランスグルタミナーゼ（ＴＧａｓｅ Ｉ）によって触媒されている（Jeon et al., 1998）。ＴＧａｓｅ Ｉ遺伝子に変異が生じると，破壊的な遺伝疾患である葉状魚[19]鱗癬が生じる。この病気の表現型は，ケラチノサイトが架橋化されたエンベロープを作れないために生じると認識されている。角化した細胞は，架橋化されたエンベロープを有する個人の健常な皮膚の外表面から剥がれ落ちるが，2％のドデシル硫酸ナトリウムと2％の2－メルカプトエタノールの溶液に不溶である（図3A）。TGase I を欠損する変異により，層状粘液症の患者の皮膚から剥がれ落ちた角質細胞は，不溶性のエンベロープをもってない（図3B）。このため，TGase I 遺伝子の欠損によるこのタイプの層状粘液症は，架橋の入ったエンベロープに対する簡単な試験によって，容易に他のタイプの層状粘液症と区別できる（Jeon et al., 1998）。

9　治療用ホルモンの合成

エリスロポエチンは腎臓で作られる糖タンパク質であり，骨髄における赤血球前駆細胞の分裂と分化を刺激する。

培養細胞内でエリスロポエチンを産生するために，エリスロポエチンの遺伝子がCHO細胞[20]（チャイニーズハムスター卵巣由来細胞）に導入され，無血清培地中で培養された。この細胞は，遺伝子組み換えエリスロポエチンを合成し，培地中に分泌した。回収したエリスロポエチンは，人の貧血の処置に使われた。

10　エレイヌ・ヒュークスの研究室で行われた毛包[21]の幹細胞と培養系でのその自己複製に関する研究（Blanpain et al., 2004）

11　ヒト二倍体細胞[22]

マウス，ハムスターなど他の動物から得られた細胞は，連続継代培養すると染色体に異常を来

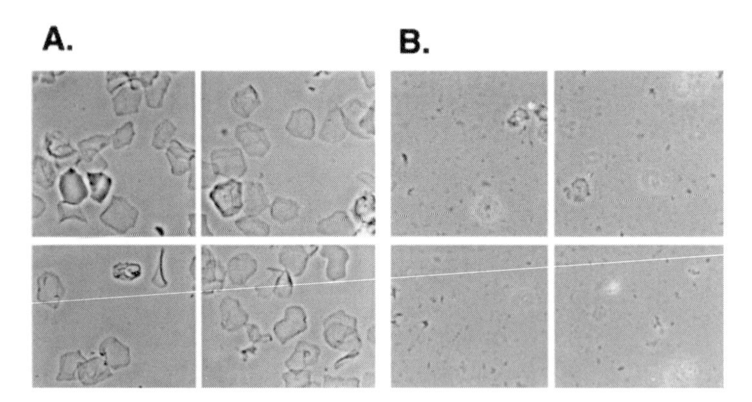

図 3　(A) TGase 欠損の層状粘液症患者の落屑における角化エンベロープ。(B) 層状粘液症患者の角化細胞におけるエンベロープの不在

し、(不死化した) 細胞株を作ってしまう。これとは対照的に、ヒトの線維芽細胞[23]は、連続継代培養を行ってもこのような変化を生じない。多数回の集団倍加を経て、最終的には増殖能をすべて消失してしまう (Hayflick and Moorhead, 1961)。このヒトゲノムの安定性は、線維芽細胞と同様、ケラチノサイトの特徴でもあり、この性質によって、ヒトケラチノサイトをヒトの治療に使うことが可能となる。

訳注

(2) 組織培養：培養とは、生物の体の外、試験管の中や特別にデザインされた皿の上で温度や栄養といった環境を整えて成長させることをいう。歴史的には、生物の体内から、神経や皮膚といった組織 (臓器、器官の一部) を取り出して培養に供したため、組織培養という言葉が定着する。その後、組織から細胞を単離して培養に供することが一般化し、細胞培養という語が使われるが、この両者を厳密に区別しない場合もある。

(3) 外植片培養：組織片を培養皿の上に静置させると、その辺縁部より細胞が這い出してくることを利用して細胞を培養する技術。

（4）継代培養：最初に用いた試験管や培養皿から細胞を回収して別の試験管や培養皿に再播種し、培養を継続すること。

（5）細胞株：培養系で無限寿命を獲得し、同じ形質を示したまま無限に継代が可能になった細胞。通常、ヒト正常細胞は有限回数しか分裂できず、徐々に分裂能力を失う（細胞老化）ため、多くの場合、細胞株はがん組織由来である。

（6）ポリペプチドホルモン：分泌組織で合成・分泌された後、血流に乗って、離れた標的組織で作用する分子を総称してホルモンと呼ぶ。インスリンや成長ホルモンなど、アミノ酸数個から十数個でできたホルモンをポリペプチドホルモンと呼ぶ。

（7）ラウス肉腫ウイルス：ニワトリがんから単離された感染によりがんを作るウイルス。

（8）ポリオーマウイルス：腎移植患者（免疫抑制）尿中から分離された、DNA型ウイルス。

（9）アデノウイルス：のどの痛みと頑固な発熱をともなう咽頭結膜熱（プール熱）の原因となる二重鎖直鎖状DNAウイルス。「風邪症候群」を起こす主要病原ウイルスの一つと考えられている。

（10）安全で効果的な免疫法が可能となったのである：培養系で感染源を増殖させ、十分希釈ないし無毒化した上でワクチンとして投与することで、免疫を事前に作り、感染を予防できる。

（11）アクチンあるいはチュブリンを含む線維：総称して細胞骨格と呼ばれる。その線維の太さから、チュブリンを含む線維を微小管、アクチンを含む線維をアクチン線維、ケラチンなどを含む線維を中間径線維と呼ぶ。

（12）マウスの脂肪前駆細胞である3T3－L1の発見は一つの例である：3T3－L1細胞は通常の培養条件下では一般的な線維芽細胞様の表現型を示すが、脂肪分化条件下では内部に脂肪滴を蓄え、脂肪細胞に分化する。

（13）七万九〇〇〇回も引用されており：科学論文の重要性の定量的指標の一つとして、被引用回数がある。京大の山中伸弥教授のマウスｉＰＳ細胞樹立の最初の論文で被引用回数は一万六六五四回である。

（14）ジェンバンク（GenBank）：米国生物工学情報センター（NCBI; National Center for Biotechnology Information）が中心となって蓄積・提供している世界的な公共の核酸塩基配列データベース。世界中の研究機関から一〇万種以上の生物から抽出された塩基配列が登録されている。

（15）終末分化：多細胞生物の体は、一個の受精卵が細胞分裂を繰り返し、さらにその過程でさまざまに特殊化、すなわち分化することによって形作られる。分化の最終段階に到達した細胞は、もはや異なる系列の細胞へと分化することはなく、また多くの組織では細胞分裂もせず静止期にある。このような細胞を終末分化した細胞と呼ぶ。神経細胞・筋細胞・肝細胞など各々の臓器で機能を発揮する細胞が典型的な例である。

（16）インボルクリン：重層扁平上皮の最外層に位置する角層は、生体を強力に被覆し水分の保持や侵入物に対する防御壁として働く。角質細胞はインボルクリン（involucrin）を発現し、これが角化の際にトランスグルタミナーゼによって、架橋され、強靭な防御壁となる。

（17）ハイブリッド：二種類の異なるものが組み合わさった状態。交雑状態。ここではマウスとヒトの細胞が一つの細胞膜と細胞質を共有した状態。細胞の雑種。

（18）こうして作られたモノクローナル抗体は、それ以来、医療現場で治療にも重要な役割を果たしてきた：現在、一五種以上のモノクローナル抗体が医薬品として、市場に流通しており、抗がん剤として臨床応用されている他、一〇〇種以上のモノクローナル抗体型薬剤の開発が進行中である。

（19）葉状魚鱗癬：魚の鱗のように皮膚の表面が硬くなり、剥がれ落ちる遺伝性の皮膚病。

（20）ＣＨＯ細胞（チャイニーズハムスター卵巣由来細胞）：一九五七年に樹立された正常組

織体細胞由来初の細胞株。

（21）毛包の幹細胞：皮膚表皮と毛、毛包に位置する汗腺を作る細胞すべての起源となる幹細胞は共通であり、毛包に局在している。

（22）二倍体：多くの生物種は遺伝子の載った染色体を両親それぞれから一セットずつ受け継ぎ、各々の体細胞は合計二セットのゲノムを有しており、この状態を二倍体と呼ぶ。一方、精子や卵子などの配偶子は減数分裂では一セットのみであり、一倍体（半数体）である。さらに一部の植物や動物では三倍体や四倍体が見られる。

（23）線維芽細胞：真皮などの結合組織に存在する細胞外マトリックスの合成分泌を行う細胞。試験管内で旺盛な増殖能を示すため、細胞培養研究の黎明期に広く研究対象とされた。

2　ケラチノサイトの培養の始まり

すでに書いたように（Green, 2008）、一九七四年、私には火傷の細胞治療に関する課題に取り組もうという気はなかった。当時、一般的な考え方は、培養した齧歯類のテラトーマ[24]の研究からは、胚発生[25]について多くを学ぶことができるというものであった。テラトーマとは、すべての種類の体細胞を産み出すことができる腫瘍である。この希望は、実現することはなかった。しかし、私にとって、ルロイ・スティーブンス（Stevens, 1970）から引き継いだ移植可能なテラトーマを継代培養する研究は、とても実り豊かなものであることが明らかになった。私は、この細胞株を研究していたとき、予想もしなかった観察にたどり着いたのであった。この時点から、私の研究の方向は、この材料[26]とのますます増加する親和性と、それによって成し得ることによって導かれた。おそらく、私を動機付けた知的過程は、ウェルナー・フォン・ブラウン（ドイツのロケット物理学者。第二次世界大戦後、米国に渡り、大陸間弾道ミサイル開発と月に到達したアポロ宇宙船開発のプログラムとにおいて主導的役割を果たした）が書いたものと似たものであった。フォン・ブラウンはこう書いている。

「基礎研究とは、私が自分で何をしているのかわかっていないときにしていることのことである」

スティーブンスのテラトーマ（Stevens, 1970）の培養を研究している間，私の学生であったジェームズ・ラインワルドと私は以下のことを発見したのであった。テラトーマは，上皮細胞のコロニーを作るのである（Rheinwald and Green, 1975a）（図４）。

しかし，どんな種類の上皮細胞がコロニーを作っているのであろうか？　われわれが，コロニーから細胞を単離し，重層化したコロニーを縦断する組織切片を作ってみたり，コロニーを電子顕微鏡で観察してみると，この細胞が重層扁平上皮のケラチノサイト[27]に分類されるものであることを見出した。この細胞は，デスモソーム，ケラトヒアリン，顆粒や密集したトノフィラメントを含んでいた（図５）。

つぎにわれわれは，それまで，ずっと培養することができなかったヒトの表皮ケラチノサイトが，これと同じ条件下では成育するのではないかと考えた。われわれが，この実験を行ってみると，ヒトの表皮ケラチノサイトがきわめてよく成長することを見出して喜んだものである（Rheinwald and Green, 1975b）（図６）。

これらの発見を可能にしたのは，私の研究室で，それ以前に何年にもわたって行ってきた一つの

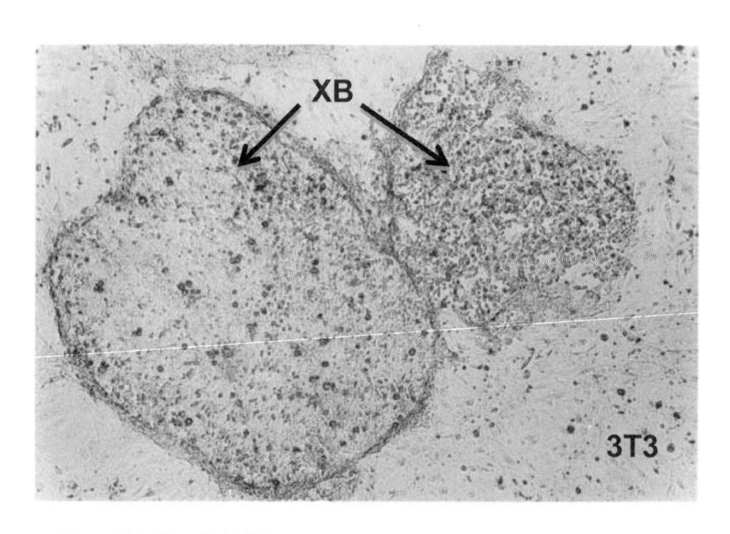

図 4　致死的に放射線処理した3T3細胞の層の上で成育するマウステラトーマ由来の上皮細胞株である XB 細胞のクローン細胞[28]

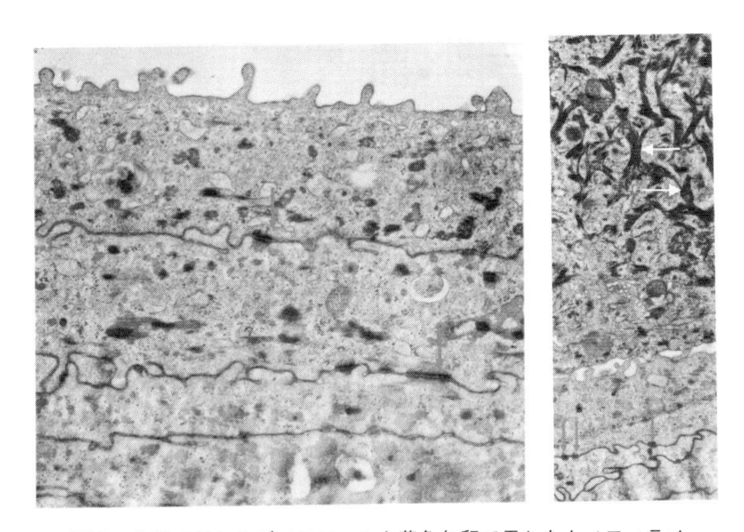

図 5　矢印で示したデスモソームと黄色矢印で示したトノフィラメント
※カラーの図がコロナ社の web にあります

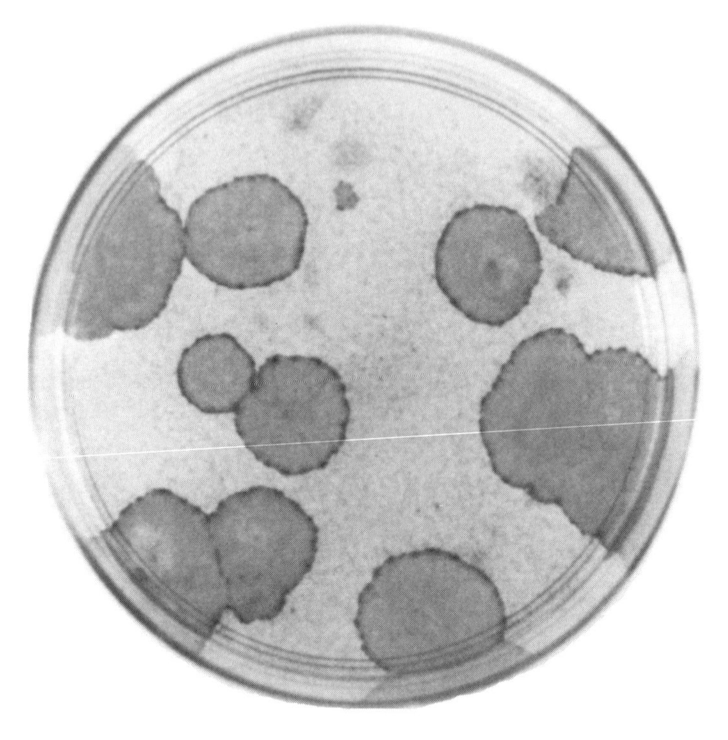

図 6　ヒト表皮ケラチノサイトのコロニーはローダミン色素で染色されているが、背景の支持細胞である3T3細胞は染まっていない

研究であった。この研究が、マウスの細胞株である3T3の開発に繋がった。一九六一年、若い医学生であったジョージ・トダノがニューヨーク大学医学部の私の研究室に研究をしにやって来た。われわれは、ウイルスによる形質転換のターゲットに適した不死化した細胞株を作ることを目的として、マウス胎児の線維芽細胞の培養を始めた。当時、以下のことが信じられていた。哺乳類の細胞の培養系での不死化は、めったに生じず、哺乳類の細胞の不死化がいつ、どのような条件下で生じるかを予測することは不可能であるというのである。行き当たりばったりの培養条件を排除するため、私は、播種密度と、継代を繰り返す間隔を一定にすることが必要であると考えた。なぜなら、この二つの変数は、不死化されるべき細胞の能力に影響を与えかねないからである。加えて、正しい条件に関する知識があれば、再現性よく不死化した細胞株を作ることができるであろうと考えたからである。

われわれは、播種密度を三、六ないし一二×一〇の五乗と設定し、植え継ぎの間隔を三ないし六日とした。一〇から二〇継代もすると成長速度が落ちてくるが、この期間の後に、このマウス線維芽細胞の細胞倍加時間は、一〇〇時間にも及んだ。[29] われわれは、以下のことを見出して喜びながらも驚いたのであった。培養条件を変えて試したところ、一一の条件のうち、九の培養条件下で、細胞の成長速度が増加したのである。一五から二四時間の細胞倍加時間をもつ細胞株ができたのであった（Todano and Green, 1963）。

われわれは、われわれが試したほとんどの培養条件下で不死化が起きたことを見出して、もう一度驚いた。できあがった細胞株の性質は、播種細胞密度や継代間隔に依存していた。

最も興味深い株が、最小播種蜜度による連続継代培養から得られた。この株は、三日ごとに、三×一〇の五乗の細胞密度で二〇平方センチの培養皿に播種した培養から作られた。したがって、3T3と命名された。この細胞株は、培養皿上でまばらでいる限り、他の細胞株と同様、旺盛に増殖した。しかし、飽和細胞密度である五万細胞／平方センチ（マウス線維芽細胞株の二次培養の六分の一でしかない）のコンフルエント[30]になると、増殖が急激に停止し、安定な休止状態に入った。

播種密度を下げて希釈して別の培養皿に撒き直すと、この3T3細胞は、[31]対数増殖を回復し、再度、五万細胞／平方センチの飽和密度に到達するのであった。これらの実験が示しているのは、低い細胞密度で維持されているマウス線維芽細胞は、不死化の間に、細胞株に進化しているということである。この細胞株は、コンフルエントになると、非常に低い細胞密度では元に戻る、可逆的な静止状態に入ったということである。

ラインワルドと私自身が行ったテラトーマ由来のケラチノサイトを単離する最も初期の実験において、すでにここに書いたように、われわれは、培養系でのこのケラチノサイトの成長が、[32]成長を支持する線維芽細胞の存在に依存していることを発見していた。この目的に、われわれは、それ自身の増殖を止めるため、致死的な線量の放射線を照射した3T3細胞を使った。今日、どこでも培養ヒトケラチノサイトの成長を支持するためにこの3T3細胞株が使われている。質的に同等の結果が得られる他の方法は存在していないのである。

ヒトケラチノサイトを培養系で成長させる方法を理解するやいなや、われわれは、培養条件の向上に取り組んだ（Rheinwald and Green, 1975b）。培地に加えた最初の薬剤は、スタンリー・コーエンによって発見された（Cohen and Elliot, 1963; Carpenter and Cohen, 1990）上皮成長因子[33]（EGF）であった。このポリペプチドは、ヒト表皮ケラチノサイトの培養可能世代を五〇代から一五〇代に増加させた（Rheinwald and Green, 1977）（図7）。

少し後に、私は、cAMPの培養ケラチノサイトの増殖に対する影響を検討し始めた[34]。それまで、cAMPは、細胞の成長を止めると考えられていた。しかし私は、ジブチルcAMPがケラチノサイトの増殖を促進することを見出した[35]。ケラチノサイトの増殖の促進は、フォスフォジエステレースの阻害剤であるメチルイソブチルキサンチンでもよく知られた、ベータアゴニストであるイソプロパノールでも得られた[36]。しかし、最も効果的な増殖促進薬はコレラ毒素（コレラジェン）であった[37]（Green, 1978）（図8）。

後に、他の研究者が、インスリン、アデニンを添加し、ハムの栄養混合物F－12を添加するとさらに増殖を促進できることを発見した（Allen-Hoffmann and Rheinwald, 1984）。

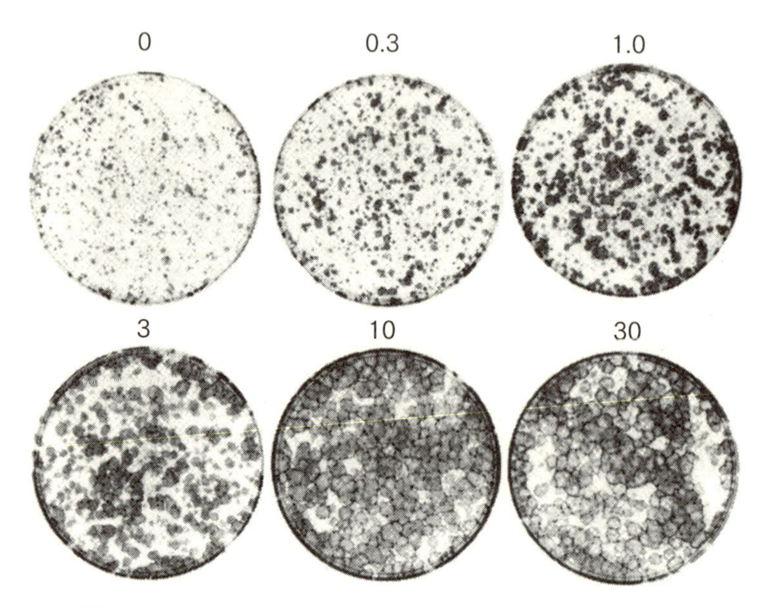

図 7　EGF のケラチノサイトのコロニーの大きさに対する効果。EGF は図中の数字に示した濃度（ng/ml）で培養 4 日目に培地に添加した。コロニーは 30ng/ml の濃度まで、EGF の濃度の増加とともにコロニーの大きさを増加させた（Rheinwald and Green, 1977）

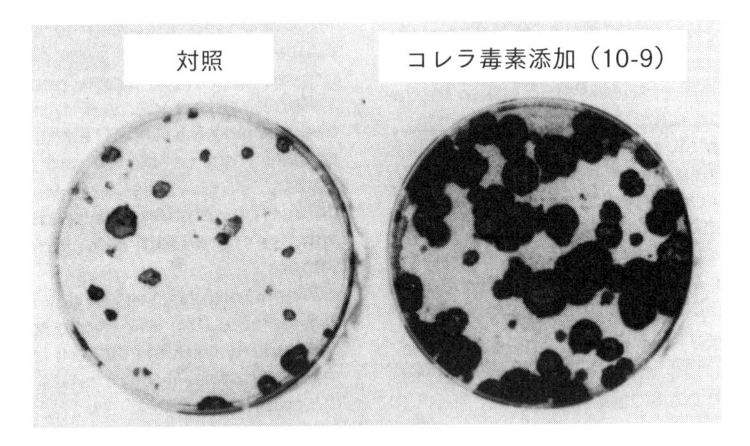

図 8　コレラ毒素のコロニーの成長に対する効果

訳注

（24）テラトーマ：一般的に受精卵が分裂と分化を繰り返し、機能する組織、臓器を作る過程でできる組織特異的な構造を胚葉と呼び、動物は三胚葉からなるとされる。一つの腫瘍の中に三胚葉性成分をすべて有する、すなわち最も高分化な胚細胞性腫瘍を奇形腫（テラトーマ）と呼び、多分化能を有する幹細胞由来であると考えられている。ES細胞やiPS細胞の多分化能の証明として、免疫不全動物への移植後に奇形腫を作らせる方法が用いられる。

（25）胚発生：多細胞生物が受精卵から細胞分裂と分化により成体になるまでの過程。

（26）この材料とのますます増加する親和性と、それによって成し得ること：自身も卓越した科学者であった科学哲学者マイケル・ポランニーは、追求すればするほどその真実性の確からしさが増し、視界が広がっていくような状況をリアルと呼び、これこそが達成された科学の正しさの根拠であると考えた。グリーンの状況はまさしくポランニーの語るリアルに対応している。

（27）ケラチノサイト：本書は培養した皮膚細胞を用いた皮膚の再生医療に関する記述から始まっている。この細胞は内部にケラチンと呼ばれるタンパク質からなる線維を多量に含むためケラチノサイトと呼ばれる。角化細胞といった訳語も存在するが、本訳書では一貫してケラチノサイトと表した。本文にもあるように、皮膚や口腔粘膜、角膜粘膜、膣粘膜などのように外界と接する細胞も皮膚の最外層（表皮）に位置する細胞と同様、重層扁平上皮細胞に分類され、ケラチノサイトと呼ばれる。実際、これらの細胞は細胞内にケラチンと呼ばれるタンパク質を豊富に含む以外にも多くの性質を共有している。外界と接する体表最外層の組織は、ケラチンの線維により強靭な防御壁として機能する細胞であるケラチノサイトが重層化して構成されている。中でも、最外層に位置する角化細胞は、ある一定の時間の後に組織から剥がれ落ちる。これらの細胞はすべて重層化したケラチノサイトの最低層に位置する基底細胞の分裂により供給されている。

（28）クローン細胞：核移植により、親細胞とまったく同一のゲノム情報をもつ細胞をクローン細胞と呼ぶ。

（29）細胞倍加時間は、一〇〇時間にも及んだ：培養皿上の細胞集団を構成する各々の細胞が分裂し、集団として倍加するのに要する時間。個々の細胞の分裂能は細胞老化にともない減少するので、細胞倍加時間は培養にともない増加する。

（３０）コンフルエント：培養皿表面が細胞で覆い尽くされた状態。正しい英語の発音はコンフレントに近い。

（３１）対数増殖：培養細胞にとって理想的な環境条件下では、細菌や動物細胞は、細胞ごとに定まった一定時間ごとに分裂を繰り返して増殖するため、細胞数は培養時間に対して指数関数的に増加する。すなわち、細胞数の対数は培養時間に対して直線的に増加する。この時期を対数増殖と呼ぶ。

（３２）成長を支持する線維芽細胞の存在：グリーンは３Ｔ３細胞を同じ培養皿に播種しておくことで、この細胞が合成分泌する因子がケラチノサイトの増殖を支持することを見出した。専門的にはこの３Ｔ３細胞をフィーダーレイヤー（餌を与える層）と呼ぶが、原書ではこの単語は用いず、「成長を支持する」という表現が使われている。

（３３）上皮成長因子（ＥＧＦ）：唾液腺から単離され、マウス新生仔に投与すると成長を促進する物質として、スタンリー・コーエンらによって一九六二年、報告された。この発見により、コーエンは一九八六年ノーベル医学生理学賞を、ＮＧＦ（神経成長因子）を発見したリータ・レーヴィ＝モンタルチーニとともに受賞している。

（３４）ｃＡＭＰ：環状アデノシン一リン酸。アデノシン三リン酸（ＡＴＰ）から合成され、リボースの3'、5'とリン酸が環状になっている分子。グルカゴンやアドレナリンといったホルモン伝達の際の細胞内シグナル伝達においてセカンドメッセンジャーとしてはたらく。細胞膜を通り抜けることはできない。その主な作用はタンパク質リン酸化酵素（タンパク質キナーゼ）の活性化で、これはイオンチャネルを通して、$Ca2^{+}$ の通過を調節することにも使われる。

（35）ジブチルｃＡＭＰ：細胞膜透過性を有するため、培地に添加すると、あたかも細胞に刺激が入ったかのような情報伝達が生じる。

（36）ベータアゴニスト：気管支平滑筋上のアドレナリン受容体に作用して、発作で狭くなった気管支を広げ、呼吸を楽にする。この作用から気管支拡張薬とも呼ばれる。通常、発作止めとは、この種類の薬をさす。

（37）コレラ毒素（コレラジェン）：コレラ菌が合成・分泌する毒素。動物細胞の内部に取り込まれて、細胞への情報伝達が生じたのと同じ作用を細胞内で示し、細胞が異常に活性化する。

3　火傷の治療

ヒトケラチノサイトの増殖のための培養条件を最適化するやいなや、以下のことに気づいた。小さなバイオプシーから、大量の細胞を成長させることができたのである。私は、実用的な応用について考え始めた。

火傷の患者に自身の表皮の小さなバイオプシーに由来する培養表皮を移植することで、[38]表皮を再生させることができるのではないか？

まず最初に、培養細胞から、移植グラフトを作る方法を確立せねばならなかった。細胞は簡単には培養皿表面から剥がし取ることはできなかった。なぜなら、重層化した培養表皮の中で、増殖する細胞は基底層に含まれているのであり、剥がし取る際に壊してしまいかねないからである。細胞を脱着させる方法を見つけようとしたいく度かの試みが失敗した後で、われわれは、日本で発見された中性ではたらくタンパク質分解酵素であるディスパーゼという酵素にたどり着いた。この酵素は、重層化したコンフルエントな培養ケラチノサイトを、細胞と細胞の間の接着を壊すことなく培養皿表面から脱着させた。脱着した細胞層は、面積にして半分かそれ以下にまで収縮したが、つみ上げて、支持体を用いて、移植グラフトとして使うことができた（Green et al., 1979）（図９）。[39]

このような培養物を移植できることを示すために、免疫反応が生じない無胸腺マウスの全層皮膚欠損に移植された。結果は、培養で作った移植グラフトの移植は成功であった。[40]この成功は特徴的に分厚いヒト表皮ができていたことから明らかであった。

そして、マウスインボルクリンとは異なるヒトインボルクリンの存在が、ヒトタンパク質に特異的な抗体で検出されたことによっても証明された（Banks-Shegel and Green, 1980）（図10）。

私はこのとき、培養ケラチノサイトの三度（全層）熱傷のヒト患者への移植を検討できたと感じている。ある仲間が、ニコラス・オコナー博士を紹介してくれた。彼は、ピーター・ベント・ブリガム病院の熱傷ユニットのディレクターだった。[41]私は、何人かの友人と私が知っていた著名な人たちに、想定される危険について議論するために意見を求めた。私は、安心できる忠告を受け取り、計画を進めることを決めた。

われわれの最初の患者は六一歳の男性で、腕に三度熱傷があった。小さなバイオプシーが火傷をしていない部位から取られ、当時ＭＩＴにあった私の研究室で、３Ｔ３を支持細胞として使う培養により、増殖された。培養したケラチノサイトは、タクシーで病院に運ばれ、移植に使われた。数[42]

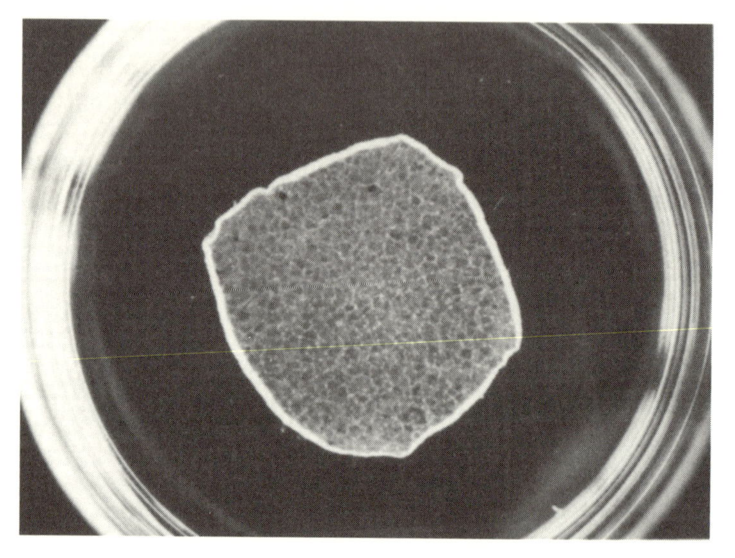

図 9　ディスパーゼを使って培養皿から脱着させた後の培養表皮。この表皮は、培養皿の壁にそって巻き上がっており、脱着した後もカールしている

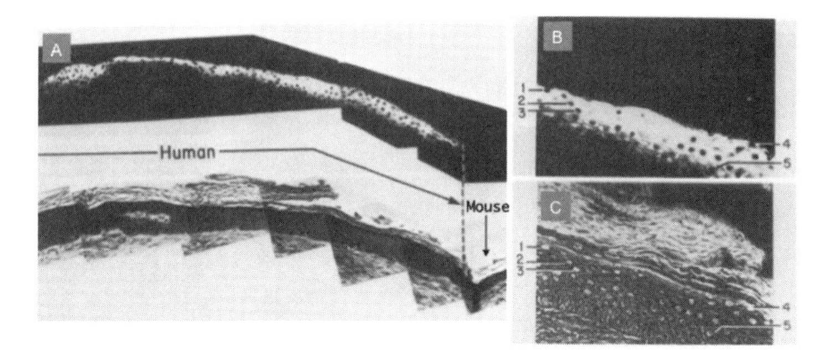

図 10　A は、無胸腺マウスに作ったヒト表皮。培養ヒト表皮シートを移植して 108 日後。マウス表皮と比べて作られたヒト表皮の厚さに注目。ケラチノサイトの終末分化産物であるインボルクリンに対する特異的な抗体はヒト表皮だけが染まっている。B と C を比較すると、インボルクリンは培養系から作ったヒト表皮の厚い角質層のうち外側の、終末分化層にのみ存在することがわかる

日後、培養グラフトのうちいくつかが生着したことは明らかだった（図11）。培養したケラチノサイトの移植は繰り返し行われ、熱傷部位を完全に被覆することができた（O'Connor et al., 1981）。

われわれはたまに起きる火傷の症例のために、一九八三年まで、培養法の要点に大きな変更を加えることなく、培養で表皮細胞を成長させることを続けた。ワイオミング州に暮らす五歳と六歳の兄弟が、体表面積の九七〜九八％以上のほとんどに三度熱傷を負った。ジョン・レメンシュナイダー医師は私にこう語った。「この兄弟は既存の処置では助かる見込みはない。しかし、もしあなたが培養細胞移植を試すつもりがあるなら、彼らをワイオミングから搬送しよう」私は二人の大規模熱傷の治療に必要な大規模細胞培養を行う準備はできていなかった。しかし、もちろん挑戦しなければならなかった。子供は二人とも、私の研究室で作り出され、[43]ハーバード大学医学部に輸送された培養細胞グラフトの移植を繰り返し受けた（図12）。この二人の兄弟は、一命を取り留め、彼らの故郷であるワイオミング州に戻った後、二〇年以上も生きた。この二人の兄弟の経験は明らかに以下のことを示している。培養細胞の移植は生命を救うのである。

火傷や肉芽の処置における培養自己細胞の利用は、日本でいち早く研究された。適切な培養条件下では、培養表皮の創傷部位への接着は良好で、正常皮膚の外観が再生した（Kumagai et al., 1988）。

培養自己ケラチノサイトの他の応用がすぐに発見された。巨大先天性母斑は、前がん病変であ

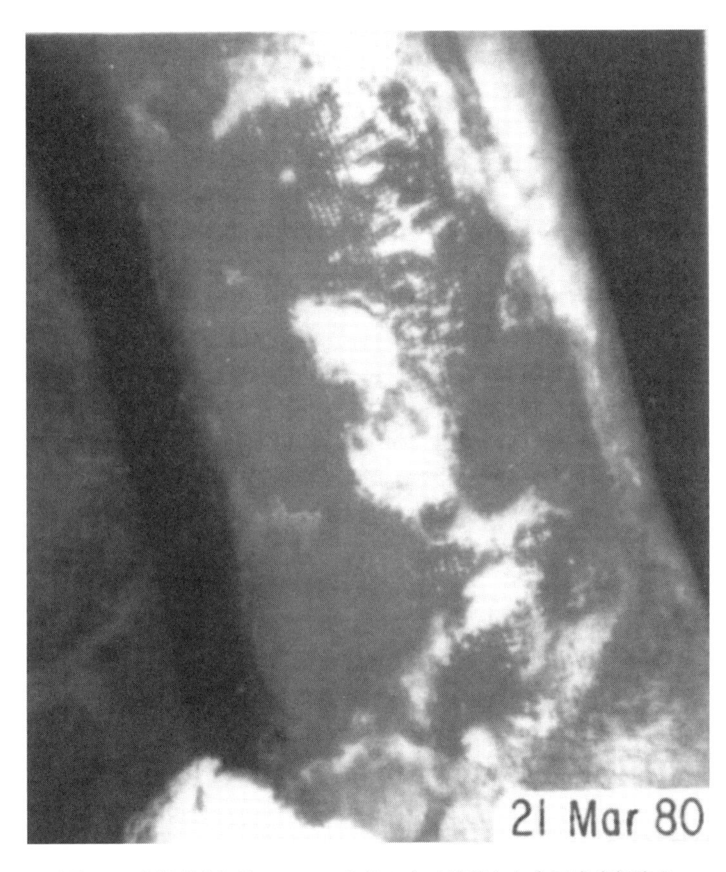

図 11　熱傷創を切除して、ペトリ皿上で培養した自己表皮細胞を初めてヒトに移植した部位。移植された部位のいくらかは、円形のペトリ皿で培養したグラフトの円形を保持している

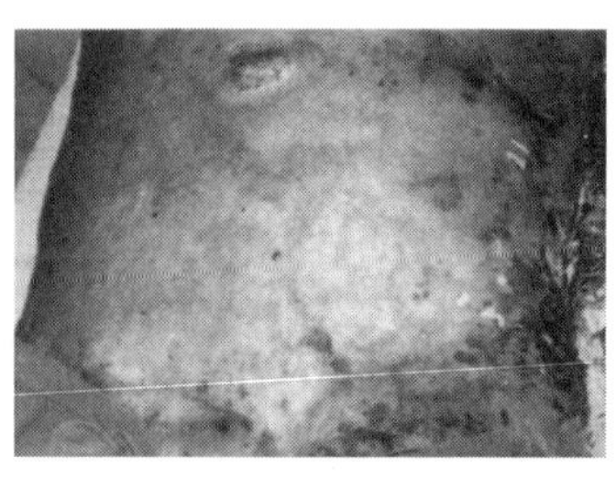

図 12　左は治療した兄弟のうちの一人の腹部。腹部表面の火傷した皮膚を切除した後、筋膜の上に、四角形の培養グラフトを移植した直後。右は14週後、体表は完全に厚いコンフルエントな表皮で覆われている（Gallico et al., 1984）

り、切除する必要がある。小さな子供では、このような母斑は通常、体表の三分の一かそれ以上を覆っている。自己培養ケラチノサイトグラフトは、母斑を切除した体表の皮膚再生にも有効である。八人の患者に対する一六回の移植で、培養表皮は、長期に頑健な皮膚として生着した（Galico et al., 1989）。

先天性尿道下裂では、陰茎尿道が陰茎の腹部表面で終わっている。処置には陰茎尿道の再建が必要である。陰茎尿道表面由来の扁平上皮細胞が培養され、尿道前方部の再建に用いられた(Remagnoli et al., 1990; Remagnoli et al., 1993)。[44]

メラノサイトは純粋な培養系で成長させることが難しい。しかし、ケラチノサイトが共存すると、よく成長するのである。白斑や限局性白皮症は、ケラチノサイトと協調して成長した自己メラノサイトを含む培養表皮の移植で首尾よく治療されてきた。[45]

安定した白斑を切除する際に、影響を受ける表皮が、切除に伴い生じた部分層欠損に培養表皮が移植されると、移植された培養グラフトは少なくとも七年間は生着していた（Guerra et al., 2000; Guerra et al., 2003; Guerra et al., 2004)。

膝や脚、足首や足の無色（白斑）の部分は、パルスエルビウムＹＡＧレーザーで除去され、ケラチノサイトとメラノサイトの培養グラフトがコンフルエントに達した翌日に調製され、表皮を除去した直後に移植される。六か月後に評価した結果は、色素が七六から九〇％回復するというもので[46]

あった。

色素を含む表皮が完全に被覆した例を図13に示す。

真皮の再生

このとき、外科医の中には、健常な表皮は真皮に依存しており、もしも真皮が三度熱傷で破壊されているなら、表皮細胞単独の移植は頑健な表皮を再生しないだろうと信じるものもいた。彼らは、培養細胞の他に、なんらかの種類の真皮代用物を含むコンポジットを移植することが必要だというのである（Green, 1989）。もちろん、真皮は非常に複雑な構造をしており、どのようにしたら、このような構造を再現できるかを考えることは不可能である。これは、[47]これまでに商業化されてきたような微妙な模倣をしようという試みとは別の話である。

この考えは、すぐに、完全に誤りであることが証明された。培養表皮単独から再生した皮膚の研究により、時間が経つと、自発的に真皮の再生も生じていることが示されたのである（Compton et al., 1989）。移植後、きわめて早期に十分に重層化した表皮ができ上がった。[48]表皮突起が再生した皮膚の真皮——上皮接合部位に現われ、数年にわたって徐々に、より正常化してきたのだ。この表皮下の結合組織、表皮下領域に細いコラーゲン線維を持ち、その下に太いコラーゲン線維を備える

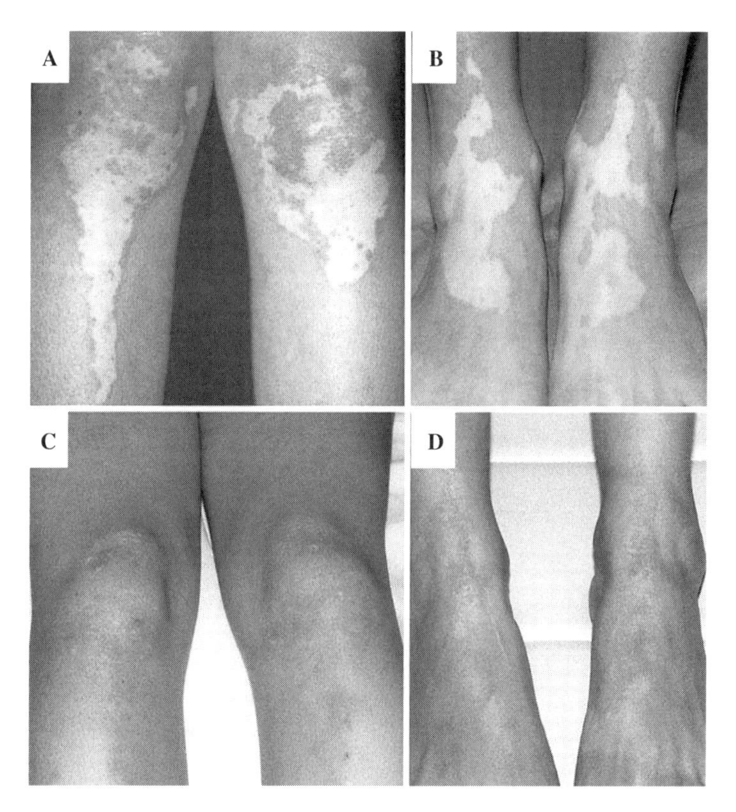

図 13　（A）膝と脚の無色部位。（B）足首と足の無色部位。（C）膝と脚の完全な色素の再生。（D）足首と足の完全な色素の再生（Guerra et al, 2003）

乳頭真皮と網状真皮を生み出すように再構成された。一、二年後、[49]アンカリングフィブリルの数と大きさは正常皮膚のそれと似たものとなった。この真皮のすべての特徴が時間とともに移植後五年目まで向上し続けていた。この真皮は完全に再生したように見えた（図14）。

産業の役割

前述したワイオミング州から来た二人の火傷の兄弟の症例の後で、以下のことが明らかになった。私自身の研究室で火傷の患者のために必要な培養表皮を作ることは、もはや私の手には負えなかったのであった。一九八七年、火傷患者に培養表皮を提供するために、バイオサーフェステクノロジーという名前の会社がマサチューセッツ州ケンブリッジにできた。この会社は後に、[50]ジェンザイム社に吸収され、今日まで、処置用の培養表皮を提供し続けている。五年以上にわたって、ジェンザイム社は、培養自己表皮をパリ近郊の[51]クラマートにあるフランス軍熱傷病院に送っており、培養表皮が患者に移植されている。この熱傷病院での彼らの研究の結果、以下のことが結論付けられた。ジェンザイム社によって提供された培養表皮は、きわめて有益であり、患者に高い生存率を提供するのである。ジェンザイム社は、一九九四年以来、一五〇〇人以上の治療を行ってきた。ジェンザイム社は、今では一年に九〇人の新しい患者を治療している。患者のほとんどは合衆国内にい

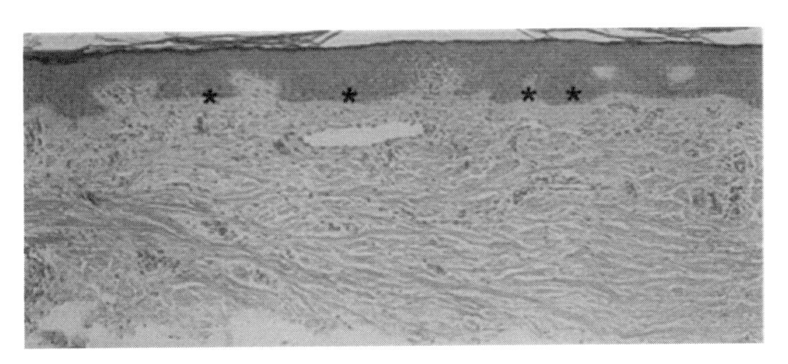

図 14　再生した真皮は規則的に間隔を取って並ぶ表皮突起（星）を備え、正常に見える表皮下の結合組織は、正常な血管構造とともに、細いコラーゲン束をもつ表層と、より粗大なコラーゲン束をもつ下層の二層からなっている。(Compton et al., 1989)

るが、ごく少数がフランスに、また幾人かがギリシャにいる。

二〇〇八年、私は、何年も前に熱傷の治療を受けたことのある女性に出会った。彼女は、ジョージア州の自身のオフィスにいた。小さな飛行機がオフィスのすぐ近くでクラッシュし、彼女のオフィスのある建物に滑り込んできた。乗客は全員死亡し、炎上した機内の燃料がオフィスにまで流れ込んできた。彼女は体表の八六％以上を火傷した。表皮はジェンザイム社が調製した培養自己表皮を複数回移植することで再生した。私は喜んで、その女性に会った。彼女はあれから、一三年たった今でも、かなりよい生活を楽しんでいることに気づいた（図15）。

哲学的省察

ある種の研究は、今日、もし何者かによって実行されないなら、翌年にはまた別の誰かによって実行されるであろう。

私がここで書いてきたことは、この種の研究ではない。それは時間と場所の偶然的合致とその時開かれた道を進んでいこうという私の意図に依存していた。

もし私がこの道を進まなかったら、培養細胞による治療はこのとき誕生せず、規制が誕生することで、永遠に生まれなかったかもしれない。

図 15　熱傷の治療を受けたことのある女性

この理由から、私は、私が、その機会をもったことと、この研究が始まって三四年後、得られた結果が、今日のようなものであることに感謝の気持ちを感じている。

二〇〇二年の終わりに、テゴリイエンス[52]という会社が、かつて私のポスドク（ポストドクター、博士研究員）であったスエワ・ジェオンによって火傷、母斑、肉芽の処置を目的として韓国のソウルに作られた。二〇〇三年から二〇〇八年の間にテゴサイエンス社は、一三四人の熱傷患者を、培養自己ケラチノサイトで治療した。彼らは六三二三枚の培養グラフトを移植した。生着率は六三から八九％であった。それ以来、テゴサイエンス者は、少数の瘢痕切除、白斑、先天性皮膚形成不全、潰瘍の患者を治療した。

二〇〇七年、日本の愛知県にあるジャパン・ティッシュ・エンジニアリング社[53]（J－TEC社）の培養表皮グラフトが熱傷の処置のための薬事承認を受けた（図16）。日本では、年間、三〇〇症例の体表三〇％以上の全層熱傷がある。現在、J－TEC社は毎週一人ずつ新しい患者を治療している。

培養の支持体としてのフィブリン

この問題には長い歴史がある。培養自己細胞の培養基質としてのフィブリン糊の利用は、最初

(a)

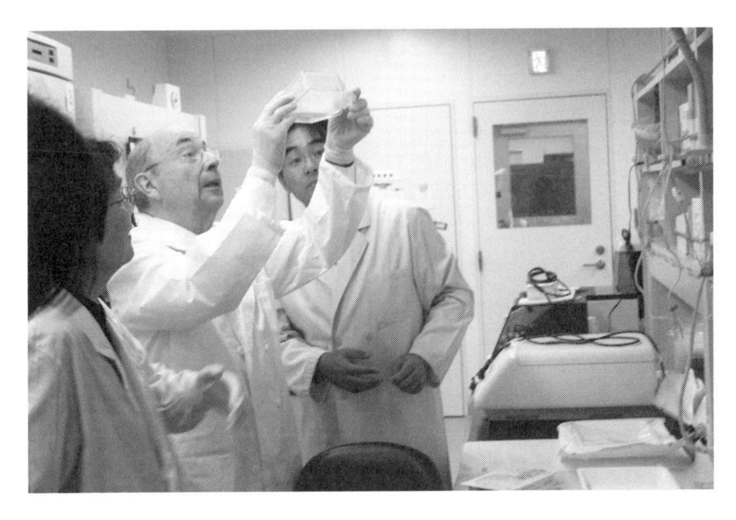

(b)

図 16　(a) J-TEC 社の新社屋。(b) J-TEC 社での培養ケラチノサイトの視察

に、二人の火傷患者の処置に必要な培養グラフトをより短時間で調製する方法として記述された(Ronfard et al., 1991)。後に、三〇人の患者にフィブリン基質の上で培養した細胞を移植する研究が行われた(Carsin et al., 2000)。この方法は、パリのエコール・ノルマル・シュペリウールのヤン・バランドンの研究室で精力的に研究された(Ronfard et al., 2000)[54]。最初に彼らが示したのは、フィブリンマトリックスはケラチノサイトの増殖能を低下させない、ということであった。彼ら[55]はつぎに、この培養法を大規模熱傷の七人の患者に応用した。彼らは、この方法は、従来の方法に比べて、数々の利点を持っていると結論した。移植可能な培養表皮を調製するのに必要な時間が短くなった。培養グラフトは、調製しやすく、外科医がより取り扱いやすくなった。

ケラチノサイトをフィブリンマトリックス上で培養する他の利点も明らかにされてきた(Pellrgrini et al., 1999; De Luca et al., 2006)。

1　プラスチックの培養皿上で培養されたケラチノサイトの培養グラフトは、培養皿から脱着すると、面積が半分かそれ以下に縮んでしまう。出荷や外科医が取り扱うには裏打ちのガーゼにくっつけることが必要である。フィブリンマトリックス上で調製した培養表皮は、縮むことはなく、取り扱いのための裏打ちを必要としない(図25)。

2　フィブリンマトリックス上で培養されたケラチノサイトは、プラスチック製の培養皿上のケラチノサイトと同一の増殖能と幹細胞含量をもっている。しかし、酵素を用いた脱着は必要ない。

3　フィブリンマトリックスの利用は、バイオプシーから移植グラフトの調製の完了までに要する最小時間を二一日から一七日にまで短縮する。これは、フィブリンマトリックス上の培養が取り扱いや、創部への移植のためにコンフルエントであることを必要としないためである。

4　プラスチックの培養皿上でコンフルエントにまで成長させたケラチノサイトの培養は、脱着後、ごく短時間しかクローン形成能を有していない。移植までに長距離間を輸送することはできない。通常、終末分化を避けるために四度で輸送される酵素的に脱着させた培養ケラチノサイトと対照的に、フィブリン支持体上で培養したケラチノサイトは、コンフルエントでないまま安全に室温で輸送することができる。

訳注

（38）表皮を再生：移植されたグラフト中に含まれたケラチノサイトの幹細胞の分裂・分化により、重層扁平上皮である表皮全層が再生した。その後の観察で、表皮のターンオーバーも正常に行われていることがわかる。

（39）無胸腺マウス：遺伝子の異常により、免疫細胞の成熟に必須の胸腺をもたないマウス、移植された外来の細胞、組織、臓器の拒絶が生じないため、移植実験のホスト（移植される側）として研究に用いられる。

（40）この成功は特徴的に分厚いヒト表皮ができていたことから明らかであった：マウスの皮膚は薄いが、ヒトの皮膚は厚く、ヒトの皮膚から採取したケラチノサイトグラフトの移植によりヒト皮膚様の分厚い皮膚が再生したことから、この皮膚が移植されたグラフト由来であることが明らかにわかる。

（41）ピーター・ベント・ブリガム病院：七四七床を有する全米屈指のハーバード大学医学部系の教育病院。同病院の熱傷ユニットは二〇一一年、全米初の顔面移植に成功するなど、大きな成果を残している。

（42）支持細胞：専門的には、フィーダーレイヤーと呼ぶが、原書は、専門家ではなく、一般の読者を想定しており、一貫して支持細胞という表現を用いている。フィーダーレイヤーは、餌を与えるものといった意味であるが、3T3細胞が合成分泌する因子の作用によりケラチノサイトの増殖・分化が促進される。

（43）ハーバード大学医学部：ハーバード大学の専門職大学院のひとつで、医師の養成学校（医学校）。ハーバードに限らず、アメリカやカナダの大学の学部（Undergraduate）には、医学部、薬学部、法学部は存在しない。これらは、日本でいう大学院（専門職大学院）と見なされる。すなわち，高校卒業後に何らかの学部に入学して卒業し，これらの専門職大学院に入学する。

（44）先天性尿道下裂：排泄時の膀胱から体外までの尿の通り道が尿道であり，ヒト男性の場合，前立腺の中心を通り，その後，陰茎内部の尿道海綿体を通って陰茎亀頭先端に開口する。尿道下裂は，尿の出口が陰茎の先より根元側にある病気で，陰茎が下に向くことが多い先天的な尿道の奇形であり，治療法は外科手術である。

（45）メラノサイト：表皮の基底層にあるメラニン生成細胞。紫外線を浴びると，メラノサイトが活性化してメラニン色素を生成する。メラノサイトは紫外線などの刺激を受けるとメラニンを作り出すが，これはメラニン色素を含む表皮細胞でバリアーゾーンを形成し，肌細胞が紫外線の刺激を受けないようにするためである。紫外線によるDNAの破壊や皮膚がんの発生を，未然に防ぐことが目的である。

（46）パルスエルビウムYAGレーザー：レーザーには良好な単色性，視準性，コヒーレンス性といった特徴があるため，疾患の診断，観察，治療などに非常に適している。

　レーザーの医療応用への可能性の探求は長い歴史があるが，当初は蓄積する熱エネルギーによる組織変性といった副作用が大きな問題であった。現在では，パルス状のレーザーを短時間照射することでこの問題が解決され，診断とともに，歯科，皮膚科などで治療にも幅広く活用されている。

（47）これまでに商業化されてきたような微妙な模倣：コラーゲンゲルやポリ乳酸などの合成高分子の足場からなるドナー皮膚由来の繊維芽細胞人工真皮。アプリグラフはその上にドナー皮膚由来のケラチノサイトが重層化して培養人工全層皮膚となっている。インテグラ、アプリグラフ、ダーマグラフトこれらドナー由来細胞製品は移植後に免疫拒絶を受けるが、創傷治癒の促進が観察され、難治性の皮膚潰瘍の治療に用いられる。

（48）表皮突起：表皮層から真皮層に伸びた重層化した表皮細胞からなる突起。病的な延長は、尋常性乾癬などで観察される。

（49）アンカリングフィブリル：7型コラーゲンからなる表皮基底膜（表皮基底細胞直下の膜上の4型コラーゲンを主成分とする薄い膜上の組織）を真皮に繋留する線維状の構造。

（50）ジェンザイム社：一九八一年に設立された米国東海岸に拠点をもつバイオ医薬品のトップメーカー。再生医療以外にもさまざまな希少疾患の治療薬を有する。フランスのメガファーマーであるサノフィ社が二〇一一年、総額二〇一億ドルで買収した。

（51）クラマート：クラマールの誤り。パリの西側郊外の一角を占めるオー＝ド＝セーヌ県の自治体。

（52）テゴサイエンスという会社：韓国ソウルに拠点をもつ二〇〇一年に設立された再生医療企業。患者自己細胞、他家細胞を使った複数の皮膚製品が韓国規制当局から薬事承認を受けている。創業者のうちの一人はグリーンの研究室にかつて滞在した弟子の一人。

（53）ジャパン・ティッシュ・エンジニアリング社：名古屋大学の教授であった上田実氏の指導のもと一九九九年に設立された、日本で最も古い再生医療ベンチャー企業の一つ。二〇一四年に富士フィルムが親会社となった。患者自己細胞を用いた皮膚製品、軟骨製品が本邦で薬事承認を受けている。

（54）エコール・ノルマル・シュペリウール：フランスの高等教育機関グランゼコールの一つであり、グランゼコールや大学の教員・研究者を養成することを目的とする。総合大学とは異なり、理学、哲学、文学、歴史学などの一部の学科しか存在しない。

（55）フィブリンマトリックス：フィブリンは血液の液体成分である血漿の主要タンパク質であるフィブリノゲンから生成する。フィブリンがゲル化し、血小板とともに血液凝固を起こす。培養皿上にフィブリンゲルを作り、これを培養基質（基材）としてこの上で細胞を培養する。

4　ケラチノサイトの幹細胞としての性質を定義する

培養ケラチノサイトを使った治療が始まって少しした後、Y・バランドンと私は、個々のケラチノサイトがもつ増殖能に関する詳細な研究を行った。われわれは、コロニーを形成するヒト表皮細胞は、持続的な成長に関する能力において均一ではないことを発見した。一つのクローンが一個の細胞に由来すると、その増殖能を一個の細胞からできたコロニーの型から評価することができる。そのクローンは、つぎの三つのクローンのうちのいずれかに割り当てることができた。ホロクローンは最大の再生産能をもち、標準的な培養条件下で、ホロクローンの細胞によって形成されたコロニーの五％以下は、コロニーを形成できず終末分化してしまう（図17）。パラクローンは特徴的に短い分裂寿命をもっている細胞（一五世代以下）を含んでおり、分裂寿命が尽きると、均一にコロニー形成能を消失し、終末分化する。三つめのタイプのクローンは、メロクローンである。さまざまな成長能をもった細胞の混合であり、ホロクローンとパラクローンの移行段階にある。この異な

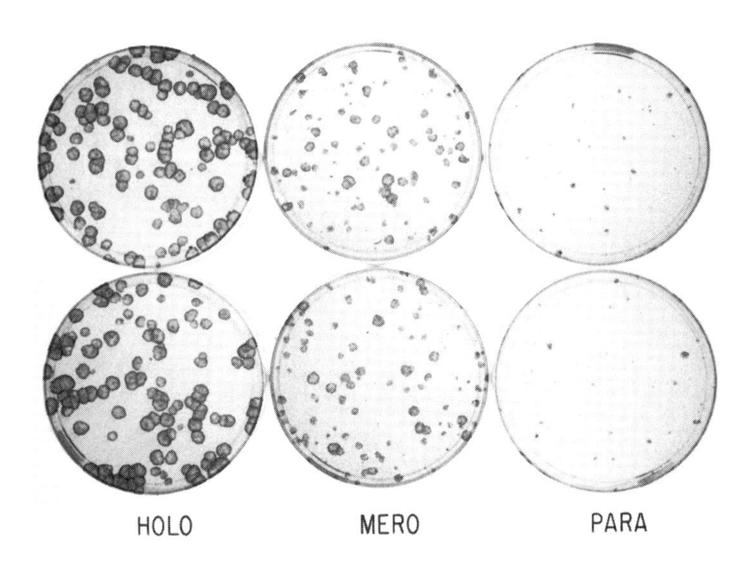

図 17　ケラチノサイト株AYの異なるクローンのタイプ。図中に示したコロニーが培養上に観察される。各々のクローンは、ばらばらにされて、その4分の1が、放射線照射した3T3細胞を含む培養皿2枚に播種されている。

るクローンのタイプのいずれになるかは、老化の影響を受ける。年老いたドナーの表皮由来の細胞は、ホロクローンの割合が低く、パラクローンの割合が高いからである。

幹細胞決定因子としてのp63

p63たんぱく質は驚くべき性質をもった転写因子である。このたんぱく質をコードする遺伝子を壊したマウスは、哺乳類の発生において見つかった最も興味深い表現系のうちの一つであった（Yang et al., 1998; Mills et al., 1999; Yang et al., 1999; McKeon, 2004）。p63遺伝子が壊れた子孫は、本質的に重層扁平上皮をもたずに生まれてきた。気管、気管支、乳腺、尿道、前立腺、尿管といった関連する上皮細胞も影響を受けていたが、このタンパク質のはたらきは、上皮細胞の中でも非常に狭い範囲に限局されていた。ヒトでは、遺伝子変異のヘテロ接合体でさえ、特に、顎顔面領域の上皮の異常が生じる（Celli et al., 1999; van Bokhoven and McKeon, 2002）。

扁平上皮の発生におけるp63の機能の性質については、まだ論争の的になっている。しかし、p63がこれら上皮細胞種においては幹細胞の決定因子であるという仮説を支持する十分な証拠がある。この仮説の基礎は、フランク・マキーオンの研究室によって、入念に作られた。p63遺伝子が破壊された新生マウスは終末分化した基底層外のケラチノサイトをもつが、上皮を維持するのに必要な幹細胞集団を含む増殖性の基底細胞を欠いていたのである（Yang et al., 1999; Senoo et al., 2007）。

ｐ63遺伝子は，異なるプロモーターから転写を開始することで，トランスに活性化するN末が短小化した遺伝子産物（ΔNｐ63）を生じる。オルタナティブスプライシングはα，β，γの三つの異なるC末を生じる（Yang et al., 1998）（図18）。ヒト上皮と上皮の培養系では，ｐ63タンパク質は基底層に限局する高い増殖能をもった細胞にのみ発現している（Parsa et al., 1999）。4A4モノクローナル抗体はｐ63のすべてのスプライス産物を検出する（Yang et al., 1998）。しかし，最近になって，マウス胎児に最も豊富なアイソタイプであるα（Yang et al., 1999）が，最も精確に上皮幹細胞を同定することが明らかになった（DiIorio et al., 2005）。β，γアイソフォームではなく，αアイソフォームの豊富さは，ホロクローンからメロクローンへと遷移するにつれて，強力に減少していく。パラクローンにおいては，ｐ63タンパク質は，事実上存在しない。

ｐ63，特にαアイソフォームの免疫検出によるホロクローンの同定は，培養ケラチノサイトグラフト中の適切な数の幹細胞の存在を決定する重要かつ単純な方法である。この評価指標は，角膜輪部の培養グラフトの利用にも応用されている（DiIorio et al., 2005）。

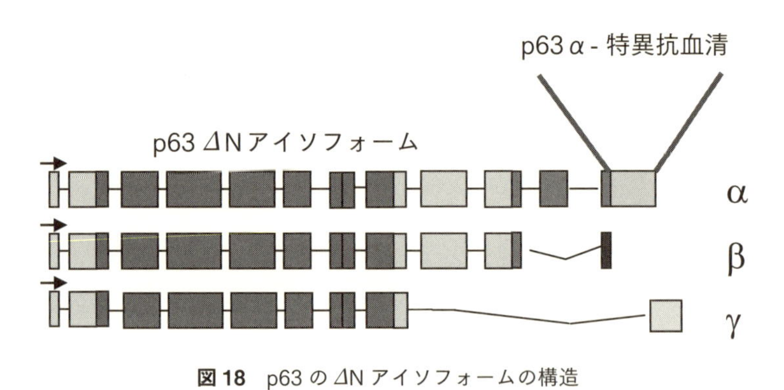

図 18　p63 の ΔN アイソフォームの構造

5　他人の培養表皮細胞による処置

他人の培養表皮細胞による創傷治癒効果に関する研究が始まったのは、かなり前のことである(Hefton　et al., 1983; Hefton　et al., 1986; Thivolet et al., 1986)。

それに続いて、多くの研究者たちが他人の部分層火傷、潰瘍、皮膚欠損や他の傷などの治癒における表皮細胞の利用を研究した。その結果、培養表皮細胞が治療において顕著な価値をもつことが明らかになった（Leigh et al., 1987; Phillips and Gilchrest, 1989; Phillips et al., 1989; Teepe et al., 1990; Beele et al., 1991; Phillips et al., 1991; De Luca et al., 1992; Marcussen et al., 1992; Teepe et al., 1993a; Teepe et al., 1993b; Duinslaeger et al., 1997; Harvima et al., 1999; Khachemoune et al., 2002)。

当初は、他人の表皮細胞がどのように治療効果を発揮するかに関して、誤解があった（Shade et al., 1989)。他人の細胞に対して、いかなる免疫反応もひき起こされることなく移植部位に一体となる、と信じていた研究者もいた。この考えはすぐに誤りであることがわかった。治癒した慢性潰瘍部位からは、移植した他人の細胞由来のいかなるDNAも見つからなかったのである（Brain et al., 1989; Burt et al., 1989; Phillips et al. 1990; Roseeuw et al., 1990）。この研究から、以下のことが明らかになった。他人のケラチノサイトの移植が示す治療効果は、創傷治癒部位に移植された細胞が一過的に存在することによるものであると。

一九九六年から二〇〇〇年にかけて、先新科学研究センター（CINVESTAV）の細胞生物学教授であるワリッド・クリーハークフによる一連の論文が刊行された。彼は、メキシコシティの彼の共同研究者たちとともに、他人の表皮細胞の治療作用の有用性とメカニズムを大いに明らかにした。彼らが示したのは、皮膚の採取部位も深い部分層火傷も、バンク化された培養表皮細胞の移植により、きわめて早期に治癒することである（Rivas-Tores et al., 1996）。対照群を置いた[56]深達性Ⅱ度熱傷の臨床研究で、彼らはバンク化した凍結した他人の培養表皮は治癒を加速するだけでなく、培養表皮移植なしには治癒し得ない創傷をも治癒させることが可能であることを示した（Alvarez-Diaz et al., 2000）。

深達性Ⅱ度熱傷の処置の一例を図19に示した。他人のケラチノサイトによる処置の九日後には、傷は治癒していた。従来型の創傷被覆材を用いた対照群では治癒することのないままであった。他人のケラチノサイトは、ニキビ跡の瘢痕を除去した際に生じた顔面皮膚擦傷に応用された際にも治癒を促進した（図20）。他人のケラチノサイトの他の用途は、一〇人の患者の慢性足潰瘍の治癒に

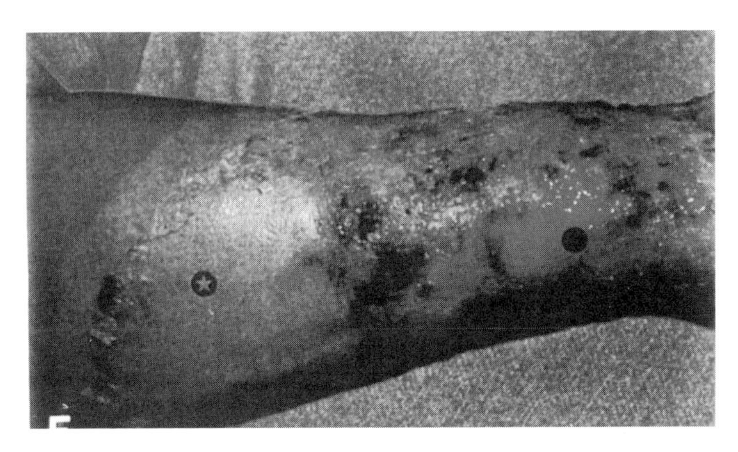

図 19　患者は、右腕の深達性 II 度熱傷の治療を受けた。9 日後、他人の培養表皮で治療部位は治癒していた（左）。従来型のドレッサーで治療した隣接部位（右）は治癒しないままであった（W・クリ－ハークフ教授のご厚意による）

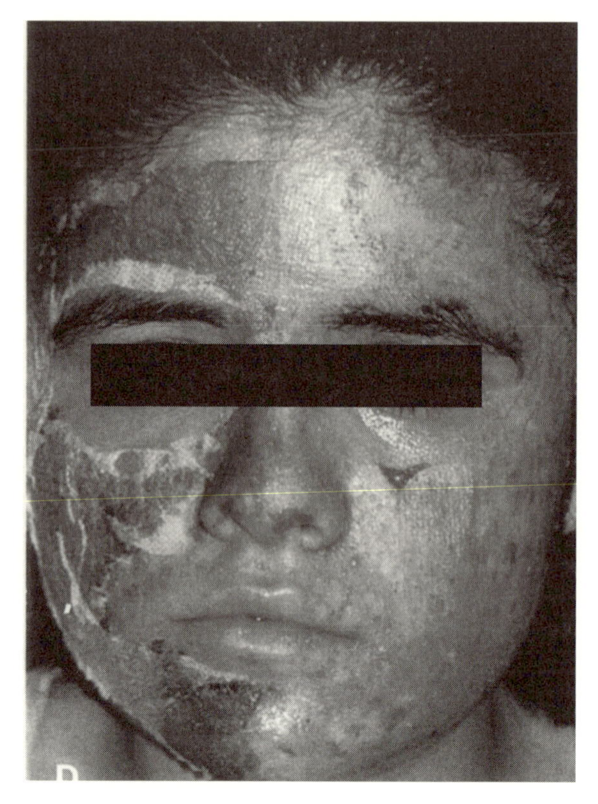

図 20 皮膚炎発症後 3 日目の患者。他人の表皮細胞で治療した顔の左側は完全に治癒していた。従来型のドレッサーで治療した右側は治癒しないままであった（W・クリ - ハークフ教授のご厚意による）

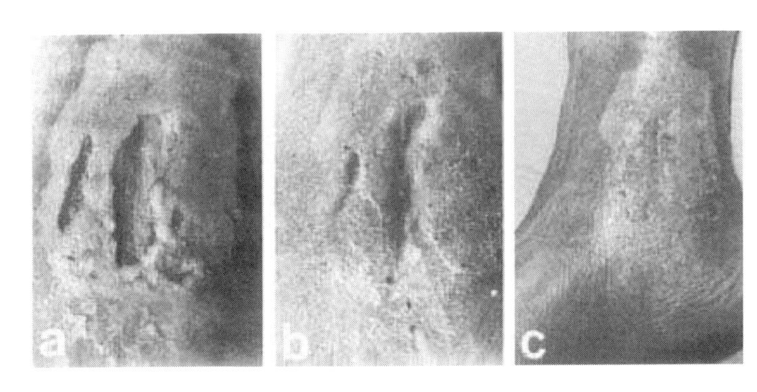

図 21　患者 3　20 年越しの慢性足潰瘍（a）デブリドマン（壊死術）前、(b) 3 度目の解凍した培養表皮移植後（5 週間後）、表皮が傷の端から中央に向かって進んでいる。(c) 4 度目の解凍した培養表皮移植後、潰瘍は表皮化し、完全に治癒している

おいても検討された。これらの潰瘍は、一〇〇平方センチメートルほどの大きさをもち、二〇年にも至るものであった。この潰瘍のいくつかは、非常に深く、腱が露出するほどであった。これらの潰瘍すべてが治癒したのであった（図21）（Bolivar-Flores and Kuri-Harcuch, 1999）。

このグループは、実験動物を使って、ヒトの他人の表皮細胞の治療効果を示す方法を開発した。彼らは免疫不全マウスの皮膚に全層欠損を作った。治療していない傷は、傷の端から一日一五〇ミクロンの速度で再表皮化が生じた。培養表皮細胞シートを傷表面に移植すると、マウスの表皮は傷の端から一日二六七ミクロンの速度で進んだ。培養表皮を移植したほとんどの傷が、一〇日以内に治癒したが、移植していない傷は治癒に一六日を要した（Tamariz et al., 1999）。

後に、凍結保存された培養表皮アログラフトの深い部分層熱傷への移植や、分離層皮膚ドナー部位への移植は、治癒を加速化するだけでなく、瘢痕形成を抑制することが示された（Yanaga et al., 2001）（図22）。

つぎに以下のことが問われることとなる。

他人の細胞がもつどのような性質が、治療効果を発現するために必要なのだろうか？

バンク化された表皮細胞は氷点下二〇度で凍結されており、増殖能をもつ細胞を含んでいない。このような培養細胞による創傷治癒の加速化は表皮細胞の増殖能が温存していることを必要とはしないのだ（Bolivar-Flores and Kuri-Harcuch et al., 1999, Tamariz et al., 1999）。今日まで、他人の表

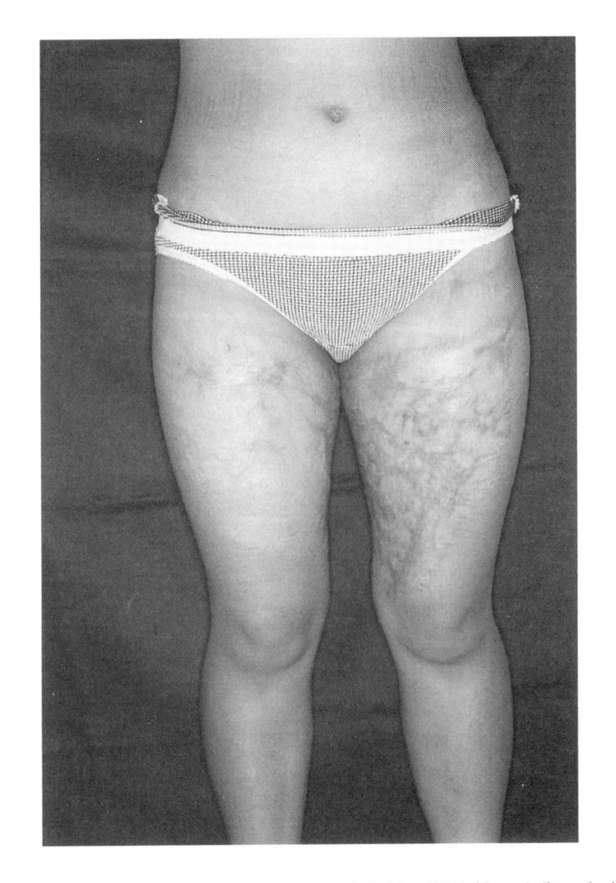

図 22　煮えたぎる熱湯に落ちた 8 歳女性の難治性の火傷。右大腿は培養アログラフトを移植した。左大腿はデブリドマンのみ行った。移植の 6 年後、右大腿はデブリドマンのみを行った左大腿に比べ、かなり穏やかな瘢痕になっている（Yanaga et al., 2001）

皮細胞の治療効果のメカニズムは明らかになっていない。
他人の培養細胞による治療の効果が決定的に示されており、また、その利用はリスクを伴わないという事実があるにもかかわらず、他人の培養細胞は、いかなる商業的・産業的実体によっても、今日まで利用可能となっていない。現在では、ヒトの治療に関する研究の重要性が強調されるにもかかわらず、これは悲しむべき反省である。

訳注

（56）深達性Ⅱ度熱傷：Ⅱ度熱傷は水疱を作り、瘢痕が残る熱傷である。表皮層のみならず真皮層まで傷害を受けている。深達性Ⅱ度熱傷では、真皮最上層の乳頭層だけでなく、その下の網状層にまで傷害が及んでいる。

6　目の病気の処置

科学的発見が研究の新しい領域を切り開くとき，それがどこに導かれるかを予測することは不可能である。ここで私は，私がこれまでに書き記してきた発見の予期し得なかった結果に眼を向けようと思う。

われわれは，すべての重層扁平上皮（食道，口腔，膣等）に存在するケラチノサイトの培養に関する実験のごく初期から，以下のことに気づいていた。角膜のケラチノサイトは継代すると成長が悪いのである。この理由は，T・T・サンの研究室から発表されたきわめて重要な論文で明らかにされている（Svhrmer et al., 1986）。角膜細胞とそれを囲む輪部細胞のケラチンの分析とそれに伴う他のデータから，彼らは，角膜の幹細胞は，角膜を包囲して結膜から角膜を分離する角膜輪部に局在していることを明らかにした（図23）。[57]

目の化学火傷で，もしも輪部幹細胞が傷つくと，痛みを伴うとてもひどい炎症が生じ，視力を

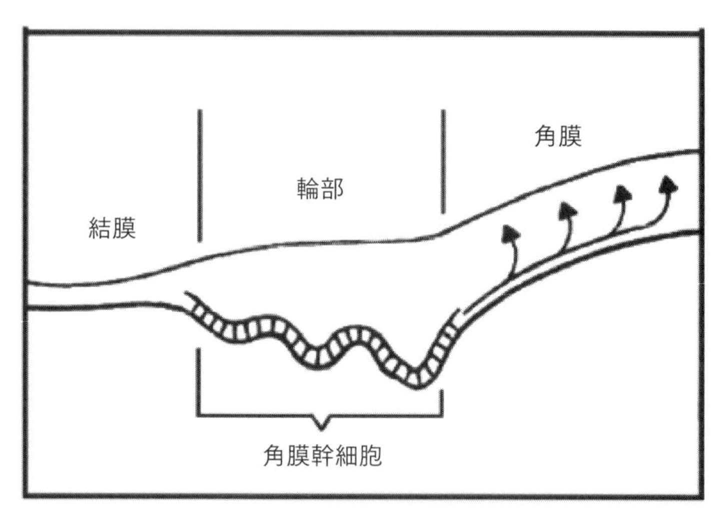

図 23　Schermer, Calvin, と Sun1986 より

失うことになる。輪部は、健常眼からの移植により再建できる（Kenyon and Tseng et al., 1999）。これには健常眼から、大きな輪部組織を採取して移植に供することが必要である。しかし、輪部幹細胞は表皮のケラチノサイトと同じ種類の細胞であり、よって、ごく小さな組織片から、同一の方法で培養することができるのだ。このことは、J・ラインワルドの研究室で最初に示された（Lindberg et al., 1993）（図24）。

数年後、当時ジェノヴァにあった、M・デルカとG・ペリグリーニの研究室で、培養した輪部細胞を治療に用いることができることが示された。片方の目にアルカリ火傷を負った二人の患者のもう一方の健常な眼の輪部から、一、二ミリの組織片を採取し、培養で増やしたのである。こうして、移植片を調製し、適切な処置を施した傷ついた目に移植した（Pelligrini et al.,1997）。どちらの患者も、濁りのない角膜上皮が形成された。二年間のフォローアップの間、[58] 血管の侵入は観察されず、顕著な視力の改善が観察された。

目の治療におけるフィブリンの利用

後に、ペリグリーニとデルカは、輪部上皮細胞の培養系に細胞の支持体としてフィブリンを導入した（図25）。たくさんの眼科医と共同で（Rama et al., 2001）、彼らは、この方法で治療した一八

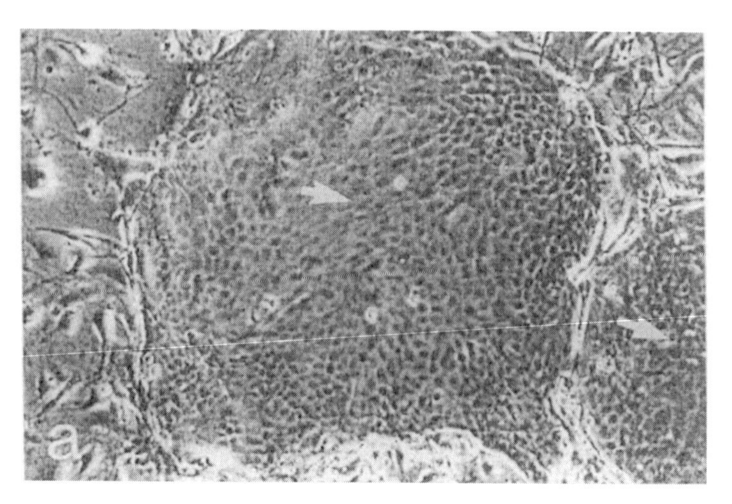

図 24　角膜輪部由来培養上皮細胞の顕微鏡写真。この上皮細胞（白矢頭）のコロニーは、3T3 支持細胞に取り囲まれている。3T3 支持細胞は、上皮細胞のコロニーが大きくなるにつれて、培養皿から、剥がれていく（Lindberg et al., 1993）

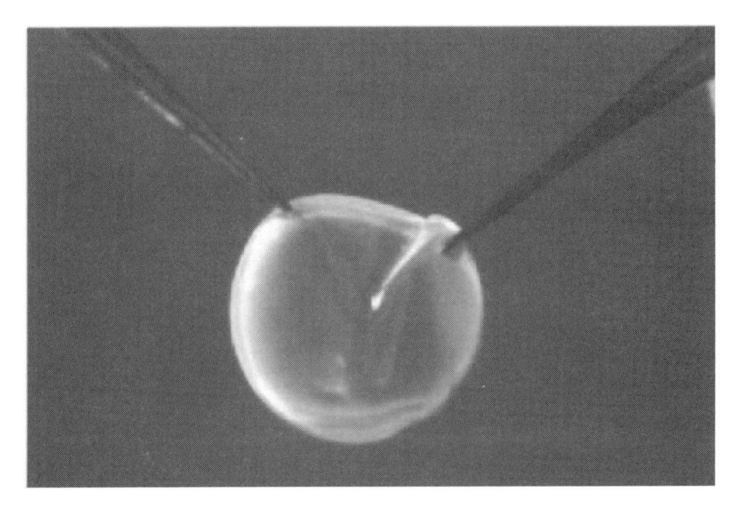

図 25　直径約 3 cm のフィブリンゲル上で培養した継代輪部上皮細胞。フィブリンゲルは移植後 24 時間以内に完全に分解されるため、創傷床と移植輪部上皮細胞との間にはいかなるフィブリンゲルも介在しない（De Luca et al., 2006）

人の患者中一四人で、症状の緩和を得た。これに続けて、角膜実質の修復を目的として全層角膜移植を行うと、視力は完全に回復した（図26）。[59]

五年の間に一一六人の患者がこの治療を受けた。培養自己輪部上皮細胞の移植は七八％の患者で成功であった。再生した角膜上皮は、三年間のフォローアップ期間、さらに、より最近九年間のフォローアップの後でも、完全性を維持していた（De Luca et al., 2006; Pellegrini et al., 2009）。

培養自己輪部上皮細胞の利用は、コンタクトレンズの乱用とこれに続くバクテリアの感染により輪部角膜上皮が傷ついた患者にまで拡張された。この方法は症状の緩和と視力の回復にきわめて効果的であった（De Luca et al., 2006）。

訳注

（57）輪部細胞：成体内の臓器・組織中に存在する幹細胞を組織幹細胞と呼ぶ。組織幹細胞は、組織の創傷治癒やターンオーバーに必要な細胞を供給する。眼表面に位置する角膜ではその上皮幹細胞は角膜の外側に位置する結膜との境界部（角膜輪部）に局在し、多くの角膜上皮の疾患で、角膜輪部の移植だけで治療が成立する。本文にもある

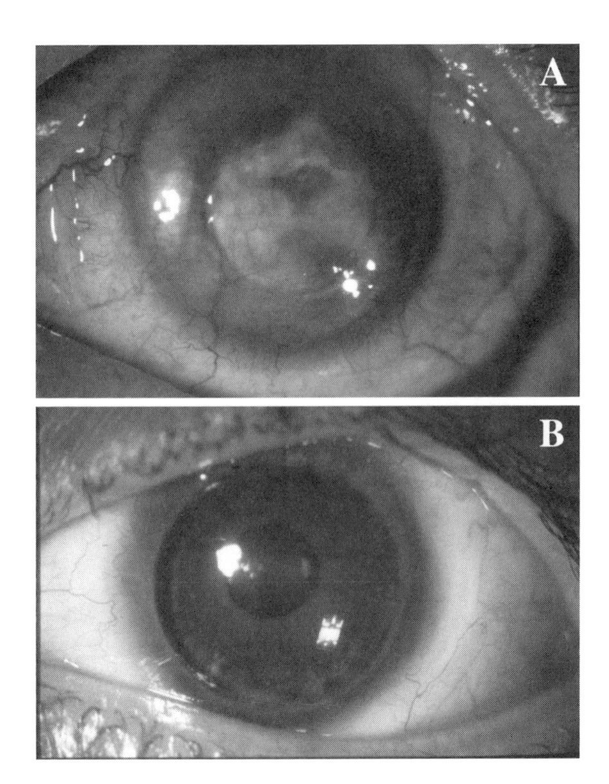

図 26　（A）処置前、（B）培養輪部上皮細胞移植 5 年後、瘢痕化した角膜実質を取り除き、ドナー角膜の移植 4 年後に全層角膜移植を行うと、視力は完全に回復した（De Luca et al., 2006; Pellegrini et al., 2009）。

ように、角膜上皮も皮膚表皮と同様、重層扁平上皮であり、角膜輪部上皮幹細胞も皮膚由来ケラチノサイトと同じ培養条件で移植グラフトを作成でき、実際に臨床応用されてきた。欧州医薬品庁は二〇一五年、自己健常眼角膜論部より単離した角膜上皮幹細胞を培養で増殖させ、フィブリンゲルと共に移植に供する角膜疾患治療用製品ホロクラを薬事承認した。当時、世界初の幹細胞を用いた医薬品として、多くのメディアが取り上げた。

（58）血管の侵入は観察されず：角膜は軟骨と同様、稀有な無血管組織であるが、炎症などの障害を生じると周囲の結膜から血管侵入が生じる。血管の侵入の有無は角膜が生理的状態であるか否かの一つの指標となる。

（59）全層角膜移植を行うと、視力は完全に回復した：ケラチノサイトグラフトの移植で、角膜最外層の上皮組織の再生を行い、傷んで不透明化した角膜実質をドナー角膜と置換することで、透明な角膜全層を得ることができる。

7 遺伝子治療

この発見は、M・デルカとG・ペリグリーニの研究室におけるまた別の貢献である。彼らは、重度の遺伝子異常と確認された皮膚の水疱（表皮水疱症、JEB）を研究していた（Mavilio et al., 2006）。彼らが研究していた患者は、表皮基底細胞を基底膜に繋ぐラミニン5β3遺伝子のフレームシフトと一つの点変異の二重ヘテロ接合体であった。[60][61]

彼らは、この患者の表皮細胞を培養し、モロニーウイルスLTRの制御下にある完全長のラミニン5β3遺伝子cDNAを備えたレトロウイルスベクターを用いて、遺伝子導入した。彼らはつぎに、病気の症状を示す皮膚を切除し、遺伝子導入した細胞グラフトで置換した（ウイルスを用いたすべての処置は、体外で行われた）。図27に示したように、この病気は治癒した。原理的に、この形の治療は、他の遺伝子異常と確認された水疱性疾患にも応用可能である。[62][63]

この形の治療には、いくつかの利点がある。一つ目に、水疱性表皮症の患者は、通常、患部に皮

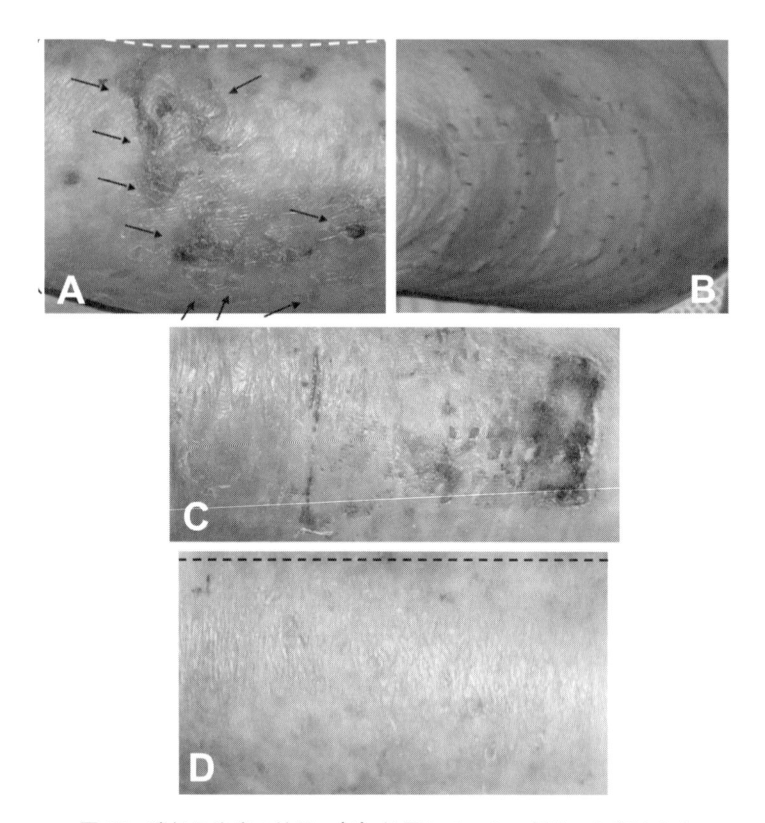

図 27　遺伝子治療の結果。（A）処置していない部分。矢印は水疱を示している。（B）皮膚を切除し、グラフトを移植したところ。（C）移植後 8 日目。（D）中の点線は（A）中の点線に対応している（Mavilio et al., 2006）

膚がんを生じる。このリスクは、この処置によって排除される。二つ目に、もし、処置した部位にいかなる望ましくない合併症が生じても、遺伝子導入した細胞を容易に除去できる。

訳注

（60）基底膜：ケラチノサイトが構成する上皮層の下にはコラーゲン線維からなる結合組織層（皮膚では真皮、角膜では角膜実質、粘膜では粘膜下層と呼ばれる）が存在する。両者の間には特殊な細胞外マトリックスの構造である基底膜が存在する。基底膜は上皮の下以外に筋肉や神経の周囲にも存在する、これらの組織が障害を受け、創傷治癒が起きる際に正常な基底膜が存在することが求められる。筋肉が崩壊していく筋ジストロフィーと呼ばれる遺伝病は基底膜を構成する分子の遺伝子の異常により生じる。この他、腎臓で血液を濾過して原尿を作る装置も基底膜である。

（61）フレームシフトと一つの点変異の二重ヘテロ接合体：すべての生物は、ＤＮＡの塩基配列三つで一つのアミノ酸が暗号化されている。ＤＮＡの複製時に生じたエラーによるＤＮＡの欠損や挿入により、この読み枠がずれることをフレームシフトと呼ぶ。正常なタンパク質が作れないため、遺伝病の原因となりうる。点変異は一つのＤＮＡに変異が起きた状態。二倍体であれば、どちらかの染色体上の遺伝子が正常であれば、正常なタンパク質が合成される可能性があるが、双方の染色体がどちらも異常であると、この可能性はなくなる。

（６２）モロニーウイルスＬＴＲ：モロニーマウス白血病ウイルスは、Ｔ細胞をがん化し胸腺腫を誘導する。このウイルスゲノムに含まれる、このウイルスの遺伝情報を感染したホストゲノムに挿入するために用いる反復ＤＮＡ配列。

（６３）レトロウイルスベクター：外来性の遺伝子を、対照とする細胞に導入するための遺伝子の運び手をベクターという。自身のゲノム情報を感染したホストに組み込む能力をもつウイルスをレトロウイルスと呼び、これを逆転写という。ウイルスゲノムから逆転写に必要な遺伝子のみを残し、外部から逆転写させたい遺伝子を組み込む余地をゲノム内に作ったウイルスをベクターと呼ぶ。このうち、レトロウイルス由来のものをレトロウイルスベクターと呼ぶ。

8　培養軟骨細胞による治療

一九八九年、アンダース・リンダールは無胸腺マウスに移植すると、その血中にヒト成長ホルモンを分泌する遺伝子導入したヒトケラチノサイトというエキゾチックな課題に、私の研究室で取り組んでいた（Lindahl et al., 1990; Teumer et al., 1990）。

スウェーデンに帰るやいなや、リンダールは、ラルス・ピーターソンと共同で、膝の大腿骨関節丘（condyle）の外傷性病変や骨軟骨症疾患の培養細胞による処置の可能性を研究し始めた。患者から健常な軟骨のバイオプシーが採取され、酵素処理によって分散させ、軟骨細胞の懸濁液を得る。得られた軟骨細胞は、二から三週間の培養で、一〇から二〇倍以上に増殖させる。つぎに患者の膝病変は切除され、[64]骨膜のフラップが正常軟骨の取り囲む周縁と縫合される。そして培養した軟骨細胞が骨膜のフラップの下に注射されるのである（Brittberg et al., 1994）（図28）。合計一六人の患者が一六から六〇ヶ月フォローアップされた。すべての患者で、痛み、浮腫、関節雑音と膝のロック

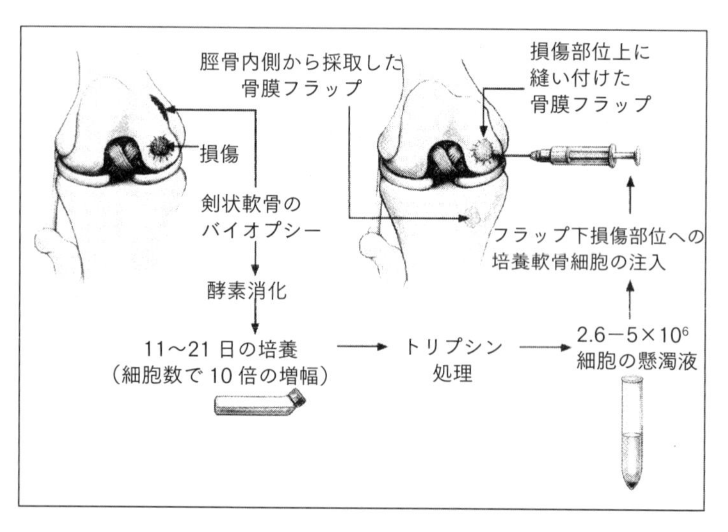

図 28 右大腿間接丘への軟骨細胞移植の模式図。大腿の遠位部と脛骨の近位部が示されている（Brittberg et al., 1994）

が和らいだ。二年後、患者一六人中一四人で、この結果は優秀ないし良好とグレード付けされた。再生した組織のバイオプシーは2型コラーゲンを含む正常な硝子軟骨であることを示していた。[65][66]

これに続く一五年間、自己軟骨細胞移植は、膝および足首の軟骨損傷と骨軟骨損傷の処置において、きわめて良好な長期臨床成績を残した（Peterson et al., 2000; 2002; 2003)。

過去一五年以上、グーテンベルグ大のグループやヨーロッパの他のグループが、合計六七〇〇人もの患者を治療した。

ジェンザイム社と、米国と欧州のアカデミーによる仕事は、グーテンベルグ大のグループの仕事と本質的に一致を示していた[67] (Minas 1998; McPherson and Tubo 2000; Micheli et al., 2001;Minas 2001; Bentley et al., 2003; Browne et al., 2005; Fu et al., 2005; Ronga et al., 2005; Micheli et al., 2006; Levine, 2007)。

ジェンザイム社は、二万一〇〇〇人以上の軟骨損傷や骨軟骨病変をもつ患者を培養自己軟骨細胞で処置した。[68]

鼻や耳といった別の変形に対する培養自己軟骨細胞の利用は、日本の福岡にあるヤナガクリニック[69]と組織培養研究所で開発されてきた。[70]合計九二名の患者が処置され、良好な結果が得られた。[71]合併症の兆候は観察されなかった。

図29に示した一例は、遺伝性の耳介形成不全である小耳症である（Yanaga et al., 2009)。耳から

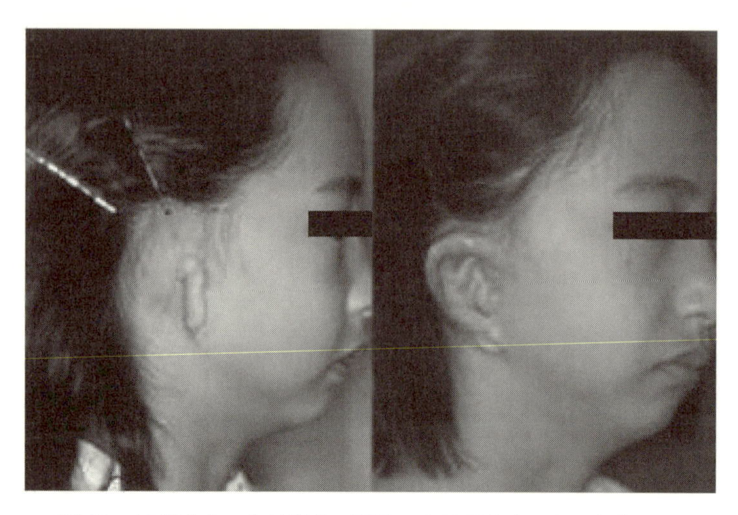

図 29　10 歳少女。左は術前の所見。右は耳を立てた 3 年後、一時的な領域に移植して 4 年後、最終的な外観と患者がたどった経過は良好であった。軟骨の吸収は生じなかった（Yanaga et al., 2009, in press）

採取した軟骨サンプルは、前述の方法により培養で成長させられた（Yanaga et al., 2004; 2006）。つぎにこの軟骨は、注射により患者の下腹部に移植された。ここでこの軟骨は、6ヶ月の間に新しい軟骨膜を備えた大きな軟骨へと成長した。この軟骨は、外科的に回収され、耳介の形に整形された。そして新しい耳の位置に移植された。術後二年から五年の経過観察において、この新しい軟骨は良好な形状を維持しており、吸収は生じなかった。

培養軟骨細胞による治療の研究は、ジャパン・ティッシュ・エンジニアリング社（J－TEC社）で非常に進められた。臨床研究は二年前（原著発行当時）、広島大学の越智光男教授との共同研究で終了した。しかし、この企業は、さらに二年間、薬事承認を得ることを期待しなかった[72]（日本では規制当局がとても遅いのである）。

訳注

（64）骨膜：骨の表面を覆う結合組織性の軟組織、骨の成長期には、骨形成能を示す。

（65）2型コラーゲン：コラーゲンはそれぞれ異なる遺伝子の産物である複数のタンパク質の総称であり、ヒトでは三〇種類に及ぶ型が知られている。このうち、2型コラーゲンは、軟骨の主成分であり、真皮や骨の主成分である1型コラーゲンとは異なる別のタンパク質である。

（66）硝子軟骨：肋軟骨、関節軟骨、気道軟骨に限定して見られる弾力性の高い軟骨。2型コラーゲンを多量に含み、内部に血管は存在しない。

（67）本質的に一致を示していた：スウェーデングループの軟骨細胞培養技術を医薬品製造レベルで再現したジェンザイム社の高度な技術の例証である。

（68）培養自己軟骨細胞で治療した：この時点では培養軟骨製品は米国規制当局の薬事承認を得ていない。再生医療製品の薬事規制が施行されるのはしばらく後のことである。

（69）ヤナガクリニック：福岡県天神の美容形成外科クリニック。院長の矢永博子医師は、自己培養表皮、培養軟骨を用いた再生医療を保険外自由診療として長年実施し、成果を学術論文として発表している。

（70）組織培養研究所：当時、本邦でも再生医療製品に対する規制はなく、医師が小規模に行うことは事実上認められていた。ヤナガクリニックでは、クリニック内の培養ではなく、併設した組織培養研究所に培養を外注していた。

（71）良好な結果が得られた：矢永医師は大学病院ではない市中のクリニックで培養細胞を用いた革新的な治療を行い、その成果を学術論文として学会誌等に発表している。本邦では再生医療等安全性確保法の二〇一四年の施行により、所定の手続きに準拠すれば、市中のクリニックでも自由診療として再生医療を患者に提供することが可能である。その成績については学術論文として公開されることを期待する。

（72）日本では規制当局がとても遅いのである：薬事法に代わる二〇一四年施行の医薬品医療機器等法（薬機法）により、再生医療等製品は、小規模の治験で安全性が担保され、有効性が推定されれば条件期限付きで承認される新しい制度となったが、これ以前には薬事承認は大変限定されており、わずか四品目のみが承認されていた。

9　胚性幹細胞による治療の将来性

生後のケラチノサイト、眼の角膜輪部細胞、軟骨細胞は成功裡に治療に使われてきたが、[73] 他の組織の体性幹細胞は、しばしば培養系で成長させることができない。そのために、おそらく細胞による治療で利益が得られるであろう多くの衰弱性疾患が、現在のところ、治療できていない[74]（I型糖尿病、パーキンソン病や他の神経変性疾患、心筋症など）。

すべての種類の体細胞は胚性幹細胞から作ることができ、原理的に治療に利用可能である。しかし、治療に用いられるまでに克服されるべき二つの大きな障害が存在する。

1　ヒトＥＳ細胞由来の体細胞は増殖能に限界があること。

2　すべての残存するヒトＥＳ細胞は排除されねばならないこと。なぜなら、残存するヒトＥＳ細胞はテラトーマを作るからである。[75]

ヒトＥＳ細胞を分化させて得られ、ヒトの治療に供給される体細胞は、胚発生の自然な過程において形成される。これが対応する生後の体細胞と同一であるという現在流布している考えは、十分な根拠をもつものではない。培養系におけるヒトES細胞の分化は、[76]分化の極性や勾配の影響を受ける発生上の手がかりなしに生じるのである。そして、ヒトES細胞の分化は、胚発生で起きる分化よりかなり急速に生じる。

培養ヒト胚性幹細胞からケラチノサイトを作る間のマーカーの継承

ヒト胚性幹細胞からのケラチノサイトの分化誘導の解析にとって、培養した[77]胚様体から這い出してくる細胞内のマーカーの出現を研究することは有益である（Green et al., 2003）。マーカーの継承の順序は、つぎのようなものである。

1　Oct4の喪失。この喪失は、胚様体から這い出す細胞で観察される（図30）。
2　p63とK14とケラチノサイトの基底層マーカーであるバソヌクレインを含むケラチノサイトの出現（図31）。
3　ケラチノサイトの増殖と移動の先端近傍への濃縮（図32）。ケラチノサイトの増殖能に相関することが知られているバソヌクレインの存在（Tseng and Green et al., 1994）。
4　終末分化。何日も後に、ケラチノサイトはばらばらになり、インボルクリンを含む扁平上皮様

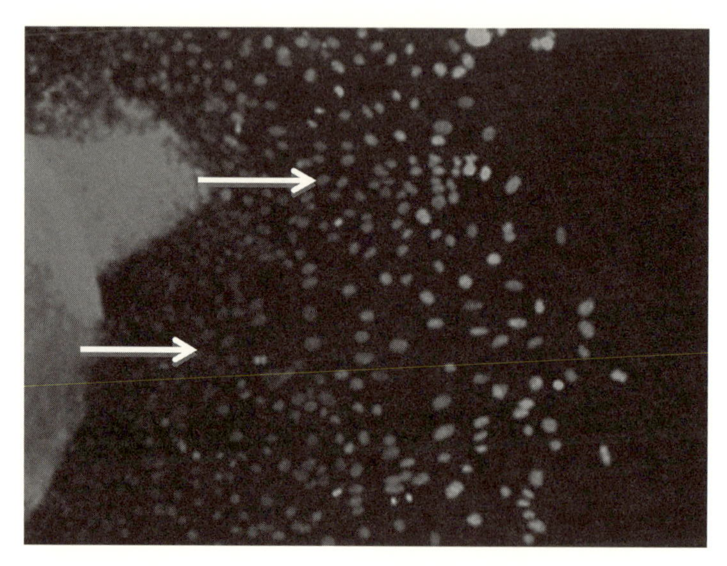

図 30　培養皿状に静置された一つの胚様体。胚様体中のすべての細胞が Oct4 をもっている（赤）。右方に移動しているすべての細胞が核染色により示されているが、Oct4 をもっていない

※カラーの図がコロナ社の web にあります

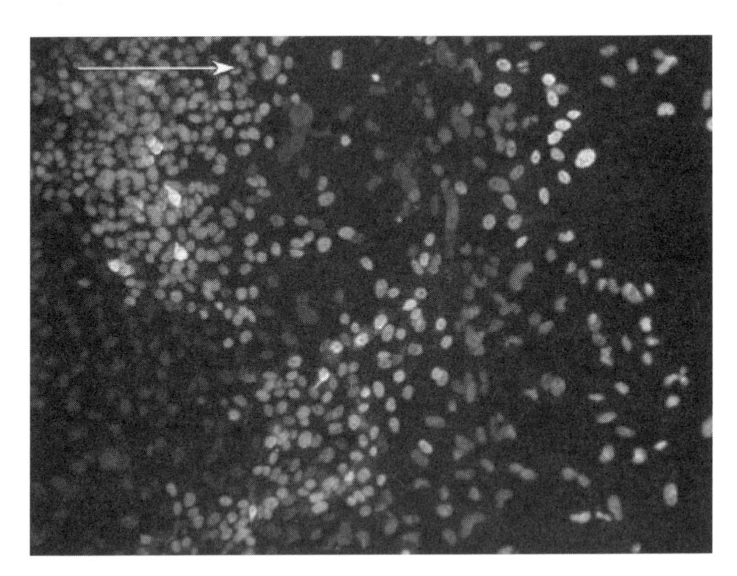

図 31　培養皿上で 15 日間培養した胚様体の p63 と K14 の出現。核内の p63 が赤く染まっており、細胞質中の K14 が緑に染まっている。核内の染色体は青く染まっている。K14 を出現している細胞はすべて p63 を発現している
※カラーの図がコロナ社の web にあります

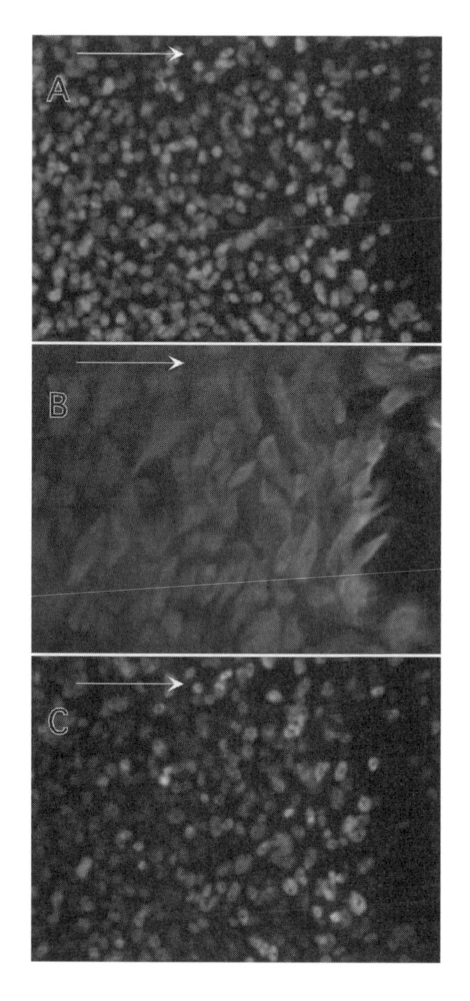

図 32　27 日後移動の先端に近い領域は、完全に A の p63（赤）、B の K 14（緑）と C のバソヌクレイン（青）を含む細胞からなっている

※カラーの図がコロナ社の web にあります

構造をとる。これは終末分化細胞に特徴的な架橋されたエンベロープの前駆体である（図33）。ヒトＥＳ細胞から分化した体細胞と正常な胚発生の過程で生み出された体細胞との違いの一つの例は、ケラチノサイトに見られる。胚発生のケラチノサイトは、すべての種類のヒト細胞の中でおそらく最も成長性の細胞である。このケラチノサイトは培養系で、一五〇細胞世代まで成長し続けることができる。ヒトＥＳ細胞由来のケラチノサイトは、増殖能をほんのわずかしかもっていないという点で、驚くほど異なるのである。

ＮＯＤ細胞の起源

ヒトＥＳ細胞からケラチノサイトを得る方法は二つある。一つは、培養で胚様体を作らせ、分化させてから、できたケラチノサイトを回収することである。この方法で得られたケラチノサイトは、[78]ヒトパピローマウイルス１６（以下 Iuchi et al., 2006 を参照）のＥ６Ｅ７遺伝子を導入することによって、増殖させることはできるものの、増殖能はきわめて低い。より簡単な方法はヒトＥＳ細胞を[79]ｓｃｉｄマウスに注射してノジュールを作らせる方法である。[80]ノジュールの内部では、ケラチノサイトへの分化が生じる。われわれは、このノジュールから試験管内で回収されたケラチノサイトをＮｏｄ細胞と呼んでいる。Ｎｏｄ細胞という名前は、この細胞がノジュールから回収された

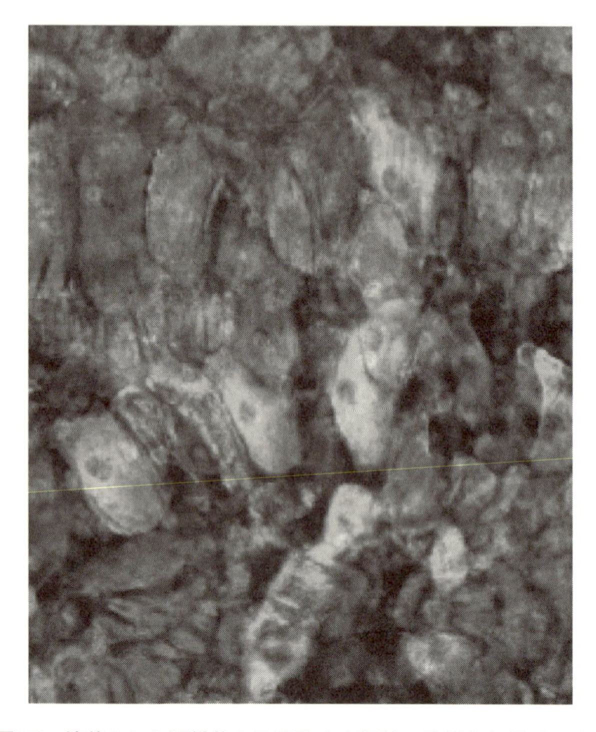

図 33　培養された胚様体から移動する領域の重層化ケラチノサイトのコロニーの中のインボルクリンの出現。ほとんどすべての細胞が、p63（赤）、K 14（緑）を含んでいる。インボルクリン（青）を含む基底層の上に重なる分散した鱗様構造（Green et al., 2003）

※カラーの図がコロナ社の web にあります

ことを示している。

生後のケラチノサイトとヒトES細胞由来のケラチノサイトの違い

培養された生後のヒトケラチノサイトは、培養系で大きな増殖能を持っている。この細胞は密着したコロニーを作り、コロニーを取り囲み、ケラチノサイトの増殖を支持する3T3細胞を押しのけながら急速に増殖する（図34）。

ヒトES細胞由来のケラチノサイトの挙動は、かなり異なる（図35）。この細胞のコロニーは密着しておらず、かわりに、二つないしそれ以上のサブコロニーに断片化している。

このことは、コロニーのp63の染色によってさらに明瞭に示されている（図36）。

ヒトES細胞由来のケラチノサイトのコロニーの裂開溝は明瞭であり、断片化が予想される。このような細胞挙動は、生後のケラチノサイトでは決して観察されず、ヒトES細胞由来ケラチノサイトがこのような短い分裂寿命しかもっていないという事実となんらかの形で関係しているに違いない。七日目のコロニーAを作る生後のケラチノサイトの数が、一二日目のコロニーBを作るNod3細胞の数よりはるかに多いことに注意すること。

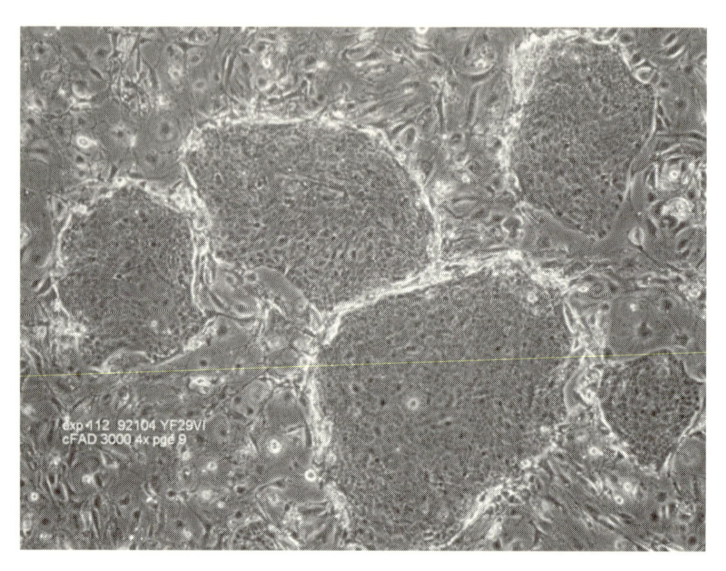

図 34 生後のヒトケラチノサイト。コロニーは、密着したケラチノサイトからできている。コロニーが大きくなるにつれて，コロニーを取り囲む 3T3 細胞を押しのけていく

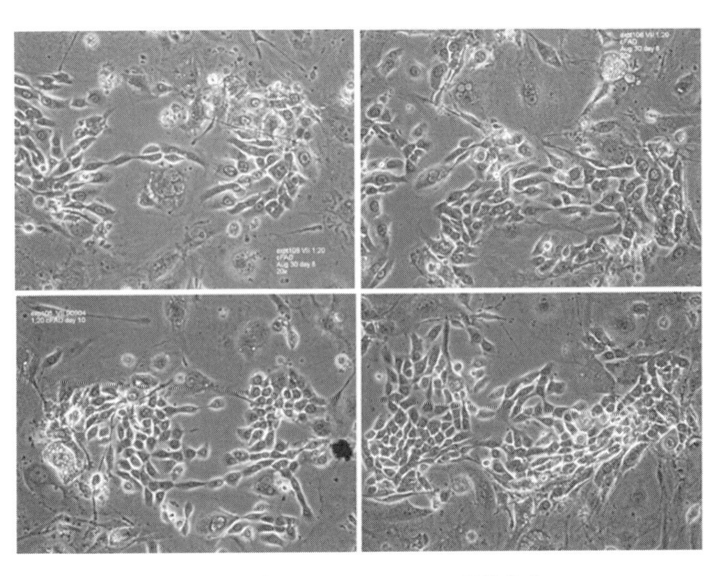

図 35　ヒト ES 細胞由来のケラチノサイトの断片化するコロニーの4つの例

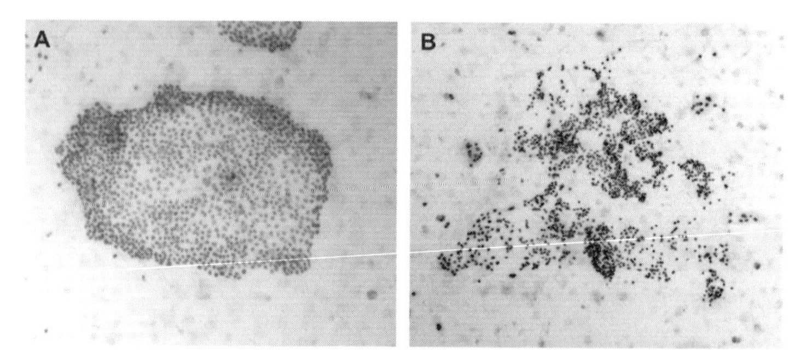

図 36 （A）生後のケラチノサイトのコロニー。（B）断片化するヒト ES 細胞由来のケラチノサイトの 12 日目のコロニー。ともに p63 に対する抗体で染色した

ＨＰＶ１６のＥ６Ｅ７遺伝子の導入の効果

ＨＰＶ１６のＥ６Ｅ７遺伝子の発現が、ケラチノサイトにおいて、ｐ５３とＲＢが関与するチェックポイントを無効にし（Dyson et al., 1989; Scheffner et al., 1990; Werness et al., 1990; Boyer et al., 1996; Jones and Munger et al., 1997）、内在性のＴＥＲＴ遺伝子の発現を誘導すること（Klingelhutz et al., 1996）によって、不死化したヒトケラチノサイト株を作り出す効率のよい方法を提供すること（Hawley –Nelson et a;., 1989; Munger et al. 1989）は知られていた。それゆえわれわれは、Ｎｏｄ３由来の細胞に、Ｌ（ＨＰＶ１６Ｅ６Ｅ７）ＳＮベクターを導入し、薬物選択なしに連続継代した。Ｅ６Ｅ７の作用の迅速性は、遺伝子導入後、遺伝子導入された細胞のたくさんのコロニーが新生後のケラチノサイトのコロニーと同じくらいの大きさになる八日目には、すでに明らかであった（図37）。この細胞は、コロニーの中で密着しており、培養表皮グラフトを作るのに使えるほどであった（図38）。一〇日目には、各々の培養されたコロニーが、トリプシン消化され、遺伝子導入された細胞は、対照群の六・八倍の収量を得た。このＮｏｄ／Ｅ６Ｅ７細胞は、つぎに、遺伝子導入していない対照群のＮｏｄ３細胞に比べ、六〇集団倍加以上にまで増殖した。成長速度が減弱している兆候は見られなかったので、われわれは、この細胞は、不死化したと結論し

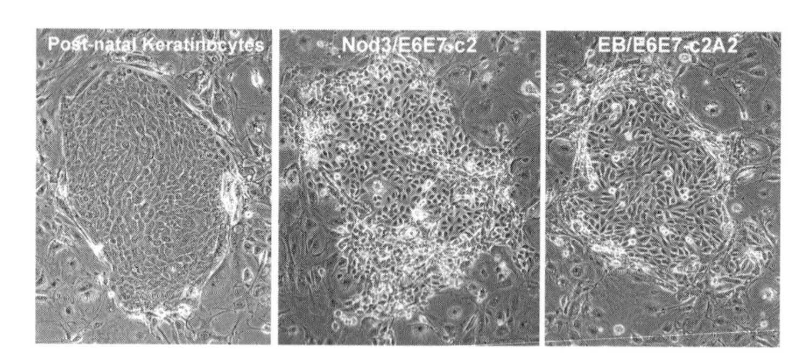

図 37 新生および、ヒト ES 細胞由来 E6E7 遺伝子導入ケラチノサイトのコロニー。8 日目のコロニーで、各々の細胞の型の違いが 10 倍の対物レンズ下で示されている。新生ケラチノサイトのコロニー（左）は、密に詰め込まれた細胞からなっており、3T3 支持細胞を押しのけている部位では平滑な円周を有している。ノジュール由来（中央）と培養胚様体由来（右）の E6E7 導入した細胞株のコロニーの中の細胞は、新生ケラチノサイトのコロニーほど整った形をしていないが、密着している

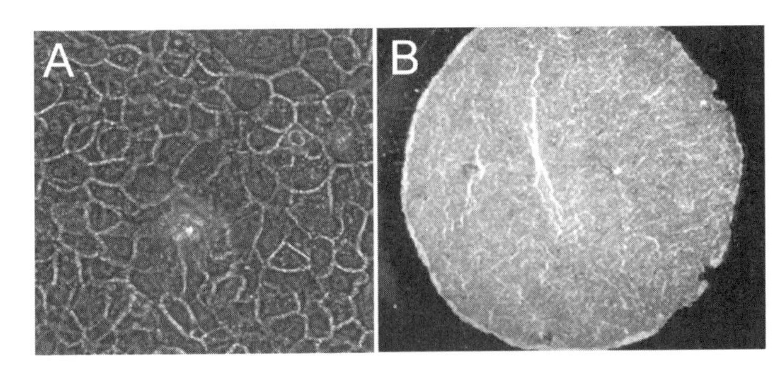

図 38 Nod3/E6E7 − c2 細胞の密着具合。（A）40 倍の対物レンズ下の 20 日目のコンフルエントな培養が示している細胞 - 細胞間構造（光学顕微鏡によって見えるものは、デスモソームの存在の結果として記載されてきた古い用語）。（B）ディスパーゼによる一枚の完全なシートとしての細胞層の脱着（Iuchi et al., 2006）

た。

また、E6E7遺伝子の導入は、また、ケラチノサイトのマーカーをもつ細胞を大量に含む培養皿に付着した胚様体から這い出してきた細胞の領域から取り出した細胞に対しても行われた（Greenn et al., 2006）。遺伝子導入の前には、このようなケラチノサイトは、継代後に分裂できるような能力を実質的にほとんどもっていなかった。遺伝子導入の数日以内に、たくさんの成長するコロニーが現われ、その約半数は、ケラチノサイト様の細胞形態をもっていた。

これらの実験が示しているのは、ヒトES細胞由来のケラチノサイトの増殖能の制限は、外来性の遺伝子の導入によって修正できるということである。しかし明らかに、発がん性のウイルスであるこれら遺伝子は、治療目的に細胞を調製するのには使うことができない。

われわれは、細胞増殖を促進することが知られているCDK4、E2F、BMI－1、CBX7といった外来性遺伝子の導入によって、ヒトES細胞由来のケラチノサイトの増殖性を向上させる可能性を探求した。これらのうちのいくつかは、まったく効果がなかった。しかし、有益というにはあまりに小さ過ぎるが、効果があるものもあった。これらの効果は、原則として、外来性遺伝子の導入が、増殖能を増加させうることを示していた。ジェームズ・ラインワルドの研究室での研究は、他のさまざまな遺伝子が細胞の分裂寿命を増加させることを示した（Dabelsteen et al., 2009）。ヒトES細胞由来の体細胞の将来の実用的応用は、外来性遺伝子の導入による、その増殖能の増加に依存している。

訳注

（73）他の組織の体性幹細胞：各々の組織には組織修復や組織のターンオーバーを司る幹細胞が存在すると考えられている。これを受精卵由来の胚性幹細胞と区別して体性幹細胞と呼ぶ。

（74）Ⅰ型糖尿病，パーキンソン病や他の神経変性疾患，心筋症など：現行で満足のいく治療法がなく，再生医療に大きな期待が寄せられている疾患は少なくない。その多くが，加齢や動脈硬化などによる細胞障害に起因するため，多能性幹細胞から分化させた機能細胞の移植による治療は有効であると考えられる。

（75）テラトーマを作る：ES細胞やiPS細胞は未分化状態で移植されると，テラトーマ（奇形腫）を形成する。すなわち，移植グラフトに未分化な細胞を残さない工夫と確認が必要である。

（76）分化の極性や勾配の影響を受ける発生上の手がかり：受精卵から個体が発生するに

は、体の軸に従って細部の分化増殖を制御する因子の濃度の勾配が作られ、各々の細胞が全身の中の位置と分化のプログラムにしたがって、時間・空間的に規則正しく分化を進行させることが必要である。培養系で試験管内で多能性幹細胞から目的の細胞へと強制的に分化させることは、生体内で発生の際に起きる分化とは必然的に異なっている。

（77）胚様体：ＥＳ細胞やｉＰＳ細胞などの多分化能を有する細胞を浮遊培養して得られる球状の細胞塊。この状態でさらに一週間程度培養すると、さまざまな細胞種への分化が観察される。胚様体の形成は、細胞の分化多能性を調べる一般的な方法の一つである。

（78）ヒトパピローマウイルス１６：一五〇種類以上の型があるヒトパピローマウイルスの中で、高リスク型に分類されるのは一五種類程度である。その代表例が１６型と１８型であり、この両者で、子宮頸がんの原因の約六五％を占めている。二〇から三〇代で発見されるＨＰＶの八から九割が１６型、１８型である。

（79）ｓｃｉｄマウス：突然変異により、免疫を司るＴ細胞もＢ細胞ももたないマウスの系統。重度の免疫不全を呈し、したがってその異種細胞、組織の移植に対する拒絶が少なく、ヒトの正常造血細胞ですら移植可能である。

（80）ノジュール：こぶ。移植した細胞が増殖して、こぶ状の細胞の塊を作る。

（81）p53とRBが関与するチェックポイントを無効にし：p53とRBは代表的ながん抑制遺伝子（発がんを抑制する遺伝子）。細胞が染色体を複製し細胞分裂するまでの一連の過程を細胞周期と呼ぶ。多くのがん細胞では細胞周期の進行に異常を来たしているが、がん抑制遺伝子は、細胞周期の進行をポイントごとにチェックする役割をもつ。

（82）TERT遺伝子：染色体末端に局在する反復塩基配列をテロメアと呼ぶ。正常細胞の細胞老化の原因の一つは、細胞分裂に伴うテロメアの短縮であるが、無限寿命を獲得した細胞株や、がん細胞、生殖細胞では、テロメアを伸長する酵素（TERT）が発現している。

（83）L（HPV16E6E7）SNベクター：16型HPV由来のE6E7遺伝子を導入するベクター。

（84）不死化したと結論した：ヒト正常細胞は培養系で細胞増殖を繰り返す間に、テロメアの短縮などの細胞老化により、細胞分裂能を消失する。この現象を発見したヘイフリックの名を冠して、この細胞分裂限界をヘイフリック限界と呼ぶ。齧歯類などのヒト以外の生物由来の細胞では、より高頻度に染色体異常を生じて細胞が不死化するため、ヘイフリック限界が観察されないことが多い。

最後の哲学的内省

科学者たちの間には、胚性幹細胞のヒト治療における実用の可能性に関して大いなる意気込みが存在している。この意気込みは、一般大衆にも伝えられてきた。しかし、私はその困難と、関係するリスクについて述べてきた。これらの問題がどのようにしたら解決するかは、まったく明らかではない。慎重かつ注意深い政策こそが、最良の政策であろう。[85]

原著者は、この本を書くにあたって、ギュンター・アルブレヒト－ビューラー博士より貴重なアドバイスをいただいたことに感謝の意を表するものである。

訳注

（85）大いなる意気込みが存在している：本邦でのｉＰＳ細胞を用いた再生医療への期待と同等かそれ以上の期待と熱狂が、ＥＳ細胞を用いた再生医療に対して米国では寄せられているが、いまだ製品化に至った事例は存在していない。

参考文献

[1] Albrecht-Buehler, G. (1977). "Phagokinetic tracks of 3T3 cells: parallels between the orientation of track segments and of cellular structures which contain actin or tubulin." *Cell* **12**(2): 333-9.

[2] Allen-Hoffmann, B. L. and J. G. Rheinwald (1984). "Polycyclic aromatic hydrocarbon mutagenesis of human epidermal keratinocytes in culture." *Proceedings of the National Academy of Sciences of the United States of America* **81**(24): 7802-6.

[3] Alvarez-Diaz, C., J. Cuenca-Pardo, A. Sosa-Serrano, E. Juarez-Aguilar, M. Marsch-Moreno and W. Kuri-Harcuch (2000). "Controlled clinical study of deep partial-thickness burns treated with frozen cultured human allogeneic epidermal sheets." *J Burn Care Rehabil* **21**(4): 291-9.

[4] Banks-Schlegel, S. and H. Green (1980). "Formation of epidermis by serially cultivated human epidermal cells transplanted as an epithelium to athymic mice." *Transplantation* **29**(4): 308-13.

[5] Beele, H., J. M. Naeyaert, M. Goeteyn, M. De Mil and A. Kint (1991). "Repeated cultured epidermal allografts in the treatment of chronic leg ulcers of various origins." *Dermatologica* **183**(1): 31-5.

[6] Bentley, G., L. C. Biant, R. W. Carrington, M. Akmal, A. Goldberg, A. M. Williams, J. A. Skinner and J. Pringle (2003). "A prospective, randomised comparison of autologous chondrocyte implantation

versus mosaicplasty for osteochondral defects in the knee." *J Bone Joint Surg Br* **85**(2): 223-30.

[7] Blanpain, C., W. E. Lowry, A. Geoghegan, L. Polak and E. Fuchs (2004). "Self-renewal, multipotency, and the existence of two cell populations within an epithelial stem cell niche." *Cell* **118**(5): 635-48.

[8] Bolivar-Flores, Y. J. and W. Kuri-Harcuch (1999). "Frozen allogeneic human epidermal cultured sheets for the cure of complicated leg ulcers." *Dermatol Surg* **25**(8): 610-7.

[9] Boyer, S. N., D. E. Wazer and V. Band (1996). "E7 protein of human papilloma virus-16 induces degradation of retinoblastoma protein through the ubiquitin-proteasome pathway." *Cancer Res* **56**(20): 4620-4.

[10] Brain, A., P. Purkis, P. Coates, M. Hackett, H. Navsaria and I. Leigh (1989). "Survival of cultured allogeneic keratinocytes transplanted to deep dermal bed assessed with probe specific for Y chromosome." *BMJ* **298**(6678): 917-9.

[11] Brittberg, M., A. Lindahl, A. Nilsson, C. Ohlsson, O. Isaksson and L. Peterson (1994). "Treatment of deep cartilage defects in the knee with autologous chondrocyte transplantation." *N Engl J Med* **331**(14): 889-95.

[12] Browne, J. E., A. F. Anderson, R. Arciero, B. Mandelbaum, J. B. Moseley, Jr., L. J. Micheli, F. Fu and C. Erggelet (2005). "Clinical outcome of autologous chondrocyte implantation at 5 years in US

subjects." *Clin Orthop Relat Res* (436): 237-45.

[13] Burt, A. M., C. D. Pallett, J. P. Sloane, M. J. O'Hare, K. F. Schafler, P. Yardeni, A. Eldad, J. A. Clarke and B. A. Gusterson (1989). "Survival of cultured allografts in patients with burns assessed with probe specific for Y chromosome." *BMJ* **298**(6678): 915-7.

[14] Carpenter, G. and S. Cohen (1990). "Epidermal growth factor." *J Biol Chem* **265**(14): 7709-12.

[15] Carrel, A. and M. T. Burrows (1910a). "Cultivation of adult tissues and organs outside the body." *J Am Med Assoc* **55**: 1379-1381.

[16] Carrel, A. and M. T. Burrows (1910b). "Culture des tissus adultes en dehors de l'organisme." *Compt Rend Soc Biol* **69**: 293, 298, 299.

[17] Carsin, H., P. Ainaud, H. Le Bever, J. Rives, A. Lakhel, J. Stephanazzi, F. Lambert and J. Perrot (2000). "Cultured epithelial autografts in extensive burn coverage of severely traumatized patients: a five year single-center experience with 30 patients." *Burns* **26**(4): 379-87.

[18] Celli, J., P. Duijf, B. C. Hamel, M. Bamshad, B. Kramer, A. P. Smits, R. Newbury-Ecob, R. C. Hennekam, G. Van Buggenhout, A. van Haeringen, C. G. Woods, A. J. van Essen, R. de Waal, G. Vriend, D. A. Haber, A. Yang, F. McKeon, H. G. Brunner and H. van Bokhoven (1999). "Heterozygous germline mutations in the p53 homolog p63 are the cause of EEC syndrome." *Cell* **99**(2): 143-53.

[19] Cohen, S. and G. A. Elliott (1963). "The stimulation of epidermal keratinization by a protein isolated from the submaxillary gland of the mouse." *J Invest Dermatol* **40**: 1-5.

[20] Compton, C. C., J. M. Gill, D. A. Bradford, S. Regauer, G. G. Gallico and N. E. O'Connor (1989). "Skin regenerated from cultured epithelial autografts on full-thickness burn wounds from 6 days to 5 years after grafting. A light, electron microscopic and immunohistochemical study." *Lab Invest* **60**(5): 600-12.

[21] Dabelsteen, S., P. Hercule, P. Barron, M. Rice, G. Dorsainville and J. G. Rheinwald (2009). "Epithelial Cells Derived from Human Embryonic Stem Cells Display P16(INK4A) Senescence, Hypermotility, and Differentiation Properties Shared by Many P63(+) Somatic Cell Types." *Stem Cells* **27**(6): 1388-1399.

[22] De Luca, M., E. Albanese, R. Cancedda, A. Viacava, A. Faggioni, G. Zambruno and A. Giannetti (1992). "Treatment of leg ulcers with cryopreserved allogeneic cultured epithelium. A multicenter study." *Arch Dermatol* **128**(5): 633-8.

[23] De Luca, M., G. Pellegrini and H. Green (2006). "Regeneration of squamous epithelia from stem cells of cultured grafts." *Regen Med* **1**(1): 45-57.

[24] Di Iorio, E., V. Barbaro, A. Ruzza, D. Ponzin, G. Pellegrini and M. De Luca (2005). "Isoforms of

DeltaNp63 and the migration of ocular limbal cells in human corneal regeneration." *Proc Natl Acad Sci USA* **102**(27): 9523-8.

[25] Duinslaeger, L. A., G. Verbeken, S. Vanhalle and A. Vanderkelen (1997). "Cultured allogeneic keratinocyte sheets accelerate healing compared to Op-site treatment of donor sites in burns." *J Burn Care Rehabil* **18**(6): 545-51.

[26] Dyson, N., P. M. Howley, K. Munger and E. Harlow (1989). "The human papilloma virus-16 E7 oncoprotein is able to bind to the retinoblastoma gene product." *Science* **243**(4893): 934-7.

[27] Eagle, H. (1955). "Nutrition needs of mammalian cells in tissue culture." *Science* **122**(3168): 501-14.

[28] Enders, J. F., T. H. Weller and F. C. Robbins (1949). "Cultivation of the Lansing Strain of Poliomyelitis Virus in Cultures of Various Human Embryonic Tissues." *Science* **109**(2822): 85-87.

[29] Freeman, A. E., P. H. Black, R. Wolford and R. J. Huebner (1967). "Adenovirus type 12-rat embryo transformation system." *J Virol* **1**(2): 362-7.

[30] Fu, F. H., D. Zurakowski, J. E. Browne, B. Mandelbaum, C. Erggelet, J. B. Moseley, Jr., A. F. Anderson and L. J. Micheli (2005). "Autologous chondrocyte implantation versus debridement for treatment of full-thickness chondral defects of the knee: an observational cohort study with 3-year followup." *Am J Sports Med* **33**(11): 1658-66.

[31] Gallico, G. G., N. E. O'Connor, C. C. Compton, O. Kehinde and H. Green (1984). "Permanent coverage of large burn wounds with autologous cultured human epithelium." *N Engl J Med* **311**(7): 448-51.

[32] Gallico, G. G., N. E. O'Connor, C. C. Compton, J. P. Remensynder, O. Kehinde and H. Green (1989). "Cultured epithelial autografts for giant congenital nevi." *Plastic & Reconstructive Surgery* **84**: 1-9.

[33] Green, H. (1978). "Cyclic AMP in relation to proliferation of the epidermal cell: a new view." *Cell* **15**(3): 801-11.

[34] Green, H. (1989). "Regeneration of the skin after grafting of epidermal cultures [editorial]." *Lab Invest* **60**(5): 583-4.

[35] Green, H. (2008). "The birth of therapy with cultured cells." *Bioessays* **30**(9): 897-903.

[36] Green, H., K. Easley and S. Iuchi (2003). "Marker succession during the development of keratinocytes from cultured human embryonic stem cells." *Proc Natl Acad Sci USA* **100**(26): 15625-30.

[37] Green, H. and O. Kehinde (1974). "Sublines of mouse 3T3 cells that accumulate lipid." *Cell* **1**: 113-6.

[38] Green, H. and O. Kehinde (1976). "Spontaneous heritable changes leading to increased adipose conversion in 3T3 cells." *Cell* **7**(1): 105-13.

[39] Green, H., O. Kehinde and J. Thomas (1979). "Growth of cultured human epidermal cells into multiple epithelia suitable for grafting." *Proc Natl Acad Sci USA* **76**(11): 5665-8.

[40] Green, H. and M. Meuth (1974). "An established pre-adipose cell line and its differentiation in culture." *Cell* **3**(2): 127-33.

[41] Guerra, L., S. Capurro, F. Melchi, G. Primavera, S. Bondanza, R. Cancedda, A. Luci, M. De Luca and G. Pellegrini (2000). "Treatment of "stable" vitiligo by Timedsurgery and transplantation of cultured epidermal autografts." *Arch Dermatol* **136**(11): 1380-9.

[42] Guerra, L., G. Primavera, D. Raskovic, G. Pellegrini, O. Golisano, S. Bondanza, S. Kuhn, P. Piazza, A. Luci, F. Atzori and M. De Luca (2004). "Permanent repigmentation of piebaldism by erbium:YAG laser and autologous cultured epidermis." *Br J Dermatol* **150**(4): 715-21.

[43] Guerra, L., G. Primavera, D. Raskovic, G. Pellegrini, O. Golisano, S. Bondanza, P. Paterna, G. Sonego, T. Gobello, F. Atzori, P. Piazza, A. Luci and M. De Luca (2003). "Erbium: YAG laser and cultured epidermis in the surgical therapy of stable vitiligo." *Arch Dermatol* **139**(10): 1303-10.

[44] Ham, R. G. (1965). "Clonal Growth of Mammalian Cells in a Chemically Defined, Synthetic Medium." *Proc Natl Acad Sci USA* **53**: 288-93.

[45] Hamilton, W. G. and R. G. Ham (1977). "Clonal growth of chinese hamster cell lines in protein-free

media.” *In Vitro* **13**(9): 537-47.

[46] Harrison, R. G. (1907). “Observations on the living developing nerve fiber.” *Proc Soc Exper Biol and Med* **4**: 140-143.

[47] Harvima, I. T., S. Virnes, L. Kauppinen, M. Huttunen, P. Kivinen, L. Niskanen and M. Horsmanheimo (1999). “Cultured allogeneic skin cells are effective in the treatment of chronic diabetic leg and foot ulcers.” *Acta Derm Venereol* **79**(3): 217-20.

[48] Hawley-Nelson, P., K. H. Vousden, N. L. Hubbert, D. R. Lowy and J. T. Schiller (1989). “HPV16 E6 and E7 proteins cooperate to immortalize human foreskin keratinocytes.” *EMBO Journal* **8**(12): 3905-10.

[49] Hayashi, I. and G. H. Sato (1976). “Replacement of serum by hormones permits growth of cells in a defined medium.” *Nature* **259**(5539): 132-4.

[50] Hayflick, L. and P. S. Moorhead (1961). “The serial cultivation of human diploid cell strains.” *Exp Cell Res* **25**: 585-621.

[51] Hefton, J. M., D. Caldwell, D. G. Biozes, A. K. Balin and D. M. Carter (1986). “Grafting of skin ulcers with cultured autologous epidermal cells.” *J Am Acad Dermatol* **14**(3): 399-405.

[52] Hefton, J. M., M. R. Madden, J. L. Finkelstein and G. T. Shires (1983). “Grafting of burn patients with allografts of cultured epidermal cells.” *Lancet* **2**(8347): 428-30.

[53] Iuchi, S., S. Dabelsteen, K. Easley, J. G. Rheinwald and H. Green (2006). “Immortalized keratinocyte lines derived from human embryonic stem cells.” *Proc Natl Acad Sci USA* **103**(6): 1792-7.

[54] Jeon, S., P. Djian and H. Green (1998). “Inability of keratinocytes lacking their specific transglutaminase to form cross-linked envelopes: absence of envelopes as a simple diagnostic test for lamellar ichthyosis.” *Proc Natl Acad Sci USA* **95**(2): 687-90.

[55] Jones, D. L. and K. Munger (1997). “Analysis of the p53-mediated G1 growth arrest pathway in cells expressing the human papillomavirus type 16 E7 oncoprotein.” *J Virol* **71**(4): 2905-12.

[56] Kenyon, K. R. and S.C. Tseng (1989). “Limbal autograft transplantation for ocular surface disorders.” *Ophthalmology* **96**(5): 709-22; discussion 722-3.

[57] Khachemoune, A., Y. M. Bello and T. J. Phillips (2002). “Factors that influence healing in chronic venous ulcers treated with cryopreserved human epidermal cultures.” *Dermatol Surg* **28**(3): 274-80.

[58] Klingelhutz, A. J., S. A. Foster and J. K. McDougall (1996). “Telomerase activation by the E6 gene product of human papillomavirus type 16.” *Nature* **380**(6569): 79-82.

[59] Kohler, G. and C. Milstein (1975). “Continuous cultures of fused cells secreting antibody of predefined specificity.” *Nature* **256**(5517): 495-7.

[60] Kumagai, N., H. Nishina, H. Tanabe, T. Hosaka, H. Ishida and Y. Ogino (1988). “Clinical application

of autologous cultured epithelia for the treatment of burn wounds and burn scars." *Plast Reconstr Surg* **82**(1): 99-110.

[61] Leigh, I. M., P. E. Purkis, H. A. Navsaria and T. J. Phillips (1987). "Treatment of chronic venous ulcers with sheets of cultured allogenic keratinocytes." *Br J Dermatol* **117**(5): 591-7.

[62] Levine, D. W. (2007). Tissue-Engineered Cartilage Products. *Principles of Tissue Engineering, 3rd Edition*. R. P. Lanza, R. Langer and J. Vacanti. Burlington, MA, Elsevier, Inc.: 1215-1224.

[63] Lindahl, A., J. Teumer and H. Green (1990). Cellular aspects of gene therapy. *Growth Factors in Health and Disease*. B. Westermark, C. Betsholtz and B. Hökfelt, Elsevier Science Publishers, B.V.: 383-92.

[64] Lindberg, K., M. E. Brown, H. V. Chaves, K. R. Kenyon and J. G. Rheinwald (1993). "In vitro propagation of human ocular surface epithelial cells for transplantation." *Invest Ophthalmol Vis Sci* **34**(9): 2672-9.

[65] Macpherson, I. and L. Montagnier (1964). "Agar Suspension Culture for the Selective Assay of Cells Transformed by Polyoma Virus." *Virology* **23**: 291-4.

[66] Marcusson, J. A., C. Lindgren, A. Berghard and R. Toftgard (1992). "Allogeneic cultured keratinocytes in the treatment of leg ulcers. A pilot study." *Acta Derm Venereol* **72**(1): 61-4.

[67] Mavilio, F., G. Pellegrini, S. Ferrari, F. Di Nunzio, E. Di Iorio, A. Recchia, G. Maruggi, G. Ferrari, E. Provasi, C. Bonini, S. Capurro, A. Conti, C. Magnoni, A. Giannetti and M. De Luca (2006). "Correction of junctional epidermolysis bullosa by transplantation of genetically modified epidermal stem cells." *Nat Med* **12**(12): 1397-402.

[68] McKeon, F. (2004). "p63 and the epithelial stem cell: more than status quo?" *Genes Dev* **18**(5): 465-9.

[69] McPherson, J. M. and R. Tubo (2000). Articular Cartilage Injury. *Principles of Tissue Engineering, 2nd Edition*. R. P. Lanza, R. Langer and J. Vacanti. San Diego, CA, Academic Press: 697-709.

[70] Micheli, L. J., J. E. Browne, C. Erggelet, F. Fu, B. Mandelbaum, J. B. Moseley and D. Zurakowski (2001). "Autologous chondrocyte implantation of the knee: multicenter experience and minimum 3-year follow-up." *Clin J Sport Med* **11**(4): 223-8.

[71] Micheli, L. J., J. B. Moseley, A. F. Anderson, J. E. Browne, C. Erggelet, R. Arciero, F. H. Fu and B. R. Mandelbaum (2006). "Articular cartilage defects of the distal femur in children and adolescents: treatment with autologous chondrocyte implantation." *J Pediatr Orthop* **26**(4): 455-60.

[72] Miller, D. A., O. J. Miller, V. G. Dev, S. Hashmi, R. Tantravahi, L. Medrano and H. Green (1974). "Human chromosome 19 carries a polio virus receptor gene." *Cell* **1**: 167-73.

[73] Mills, A. A., B. Zheng, X. J. Wang, H. Vogel, D. R. Roop and A. Bradley (1999). "p63 is a p53 homologue required for limb and epidermal morphogenesis." *Nature* **398** (6729): 708-13.

[74] Minas, T. (1998). "Chondrocyte implantation in the repair of chondral lesions of the knee: economics and quality of life." *Am J Orthop* **27** (11): 739-44.

[75] Minas, T. (2001). "Autologous chondrocyte implantation for focal chondral defects of the knee." *Clin Orthop Relat Res* (391 Suppl): S349-61.

[76] Munger, K., W. C. Phelps, V. Bubb, P. M. Howley and R. Schlegel (1989). "The E6 and E7 genes of the human papillomavirus type 16 together are necessary and sufficient for transformation of primary human keratinocytes." *J Virol* **63** (10): 4417-21.

[77] O'Connor, N. E., J. B. Mulliken, S. Banks-Schlegel, O. Kehinde and H. Green (1981). "Grafting of burns with cultured epithelium prepared from autologous epidermal cells." *Lancet* **Jan 10; 1**: 75-8.

[78] Parsa, R., A. Yang, F. McKeon and H. Green (1999). "Association of p63 with proliferative potential in normal and neoplastic human keratinocytes." *J Invest Dermatol* **113** (6): 1099-105.

[79] Pellegrini, G., P. Rama, F. Mavilio and M. De Luca (2009). "Epithelial stem cells in corneal regeneration and epidermal gene therapy." *J Pathol* **217** (2): 217-28.

[80] Pellegrini, G., R. Ranno, G. Stracuzzi, S. Bondanza, L. Guerra, G. Zambruno, G. Micali and M.

De Luca (1999). "The control of epidermal stem cells (holoclones) in the treatment of massive full-thickness burns with autologous keratinocytes cultured on fibrin." *Transplantation* **68**(6): 868-79.

[81] Pellegrini, G., C. E. Traverso, A. T. Franzi, M. Zingirian, R. Cancedda and M. De Luca (1997). "Long-term restoration of damaged corneal surfaces with autologous cultivated corneal epithelium." *Lancet* **349**(9057): 990-3.

[82] Petersen, L., M. Brittberg and A. Lindahl (2003). "Autologous chondrocyte transplantation of the ankle." *Foot Ankle Clin* **8**(2): 291-303.

[83] Peterson, L., M. Brittberg, I. Kiviranta, E. L. Akerlund and A. Lindahl (2002). "Autologous chondrocyte transplantation. Biomechanics and long-term durability." *Am J Sports Med* **30**(1): 2-12.

[84] Peterson, L., T. Minas, M. Brittberg and A. Lindahl (2003). "Treatment of osteochondritis dissecans of the knee with autologous chondrocyte transplantation: results at two to ten years." *J Bone Joint Surg Am* **85-A Suppl 2**: 17-24.

[85] Peterson, L., T. Minas, M. Brittberg, A. Nilsson, E. SjogrenJansson and A. Lindahl (2000). "Two- to 9-year outcome after autologous chondrocyte transplantation of the knee." *Clin Orthop Relat Res* (374): 212-34.

[86] Phillips, T. J., J. Bhawan, I. M. Leigh, H. J. Baum and B. A. Gilchrest (1990). "Cultured epidermal autografts and allografts: a study of differentiation and allograft survival." *J Am Acad Dermatol* **23**(2 Pt 1): 189-98.

[87] Phillips, T. J., M. Bigby and L. Bercovitch (1991). "Cultured allografts as an adjunct to the medical treatment of problematic leg ulcers." *Arch Dermatol* **127**(6): 799-801.

[88] Phillips, T. J. and B. A. Gilchrest (1989). "Cultured allogenic keratinocyte grafts in the management of wound healing: prognostic factors." *J Dermatol Surg Oncol* **15**(11): 1169-76.

[89] Phillips, T. J., O. Kehinde, H. Green and B. A. Gilchrest (1989). "Treatment of skin ulcers with cultured epidermal allografts." *J Am Acad Dermatol* **21**(2 Pt 1): 191-9.

[90] Rama, P., S. Bonini, A. Lambiase, O. Golisano, P. Paterna, M. De Luca and G. Pellegrini (2001). "Autologous fibrin-cultured limbal stem cells permanently restore the corneal surface of patients with total limbal stem cell deficiency." *Transplantation* **72**(9): 1478-85.

[91] Rheinwald, J. G. and H. Green (1975a). "Formation of a keratinizing epithelium in culture by a cloned cell line derived from a teratoma." *Cell* **6**(3): 317-30.

[92] Rheinwald, J. G. and H. Green (1975b). "Serial cultivation of strains of human epidermal keratinocytes: the formation of keratinizing colonies from single cells." *Cell* **6**(3): 331-43.

[93] Rheinwald, J. G. and H. Green (1977). "Epidermal growth factor and the multiplication of cultured human epidermal keratinocytes." *Nature* **265**(5593): 421-4.

[94] Rice, R. H. and H. Green (1977). "The cornified envelope of terminally differentiated human epidermal keratinocytes consists of cross-linked protein." *Cell* **11**(2): 417-22.

[95] Rivas-Torres, M. T., D. Amato, H. Arambula-Alvarez and W. Kuri-Harcuch (1996). "Controlled clinical study of skin donor sites and deep partial-thickness burns treated with cultured epidermal allografts." *Plast Reconstr Surg* **98**(2): 279-87.

[96] Romagnoli, G., M. De Luca, F. Faranda, R. Bandelloni, A. T. Franzi, F. Cataliotti and R. Cancedda (1990). "Treatment of posterior hypospadias by the autologous graft of cultured urethral epithelium." *N Engl J Med* **323**(8): 527-30.

[97] Romagnoli, G., M. De Luca, F. Faranda, A. T. Franzi and R. Cancedda (1993). "One-step treatment of proximal hypospadias by the autologous graft of cultured urethral epithelium." *J Urol* **150**(4): 1204-7.

[98] Ronfard, V., H. Broly, V. Mitchell, J. P. Galizia, D. Hochart, E. Chambon, P. Pellerin and J. J. Huart (1991). "Use of human keratinocytes cultured on fibrin glue in the treatment of burn wounds." *Burns* **17**(3): 181-4.

[99] Ronfard, V., J. M. Rives, Y. Neveux, H. Carsin and Y. Barrandon (2000). "Long-term regeneration of human epidermis on third degree burns transplanted with autologous cultured epithelium grown on a fibrin matrix." *Transplantation* **70** (11): 1588-98.

[100] Ronga, M., F. A. Grassi, C. Montoli, P. Bulgheroni, E. Genovese and P. Cherubino (2005). "Treatment of deep cartilage defects of the ankle with matrix-induced autologous chondrocyte implantation (MACI)." *Foot and Ankle Surgery* **11** (1): 29-33.

[101] Roseeuw, D. I., A. De Coninck, W. Lissens, E. Kets, I. Liebaers, A. Vercruysse and Y. Vandenberghe (1990). "Allogeneic cultured epidermal grafts heal chronic ulcers although they do not remain as proved by DNA analysis." *J Dermatol Sci* **1** (4): 245-52.

[102] Rous, P. and F. S. Jones (1916). "A method for obtaining suspensions of living cells from the fixed tissues, and for the plating out of individual cells." *J. Exp. Med.* **23** (4): 549-555.

[103] Sanford, K. K., W. R. Earle and G. D. Likely (1948). "The growth in vitro of single isolated tissue cells." *J Natl Cancer Inst* **9** (3): 229-46.

[104] Scheffner, M., B. A. Werness, J. M. Huibregtse, A. J. Levine and P. M. Howley (1990). "The E6 oncoprotein encoded by human papillomavirus types 16 and 18 promotes the degradation of p53." *Cell* **63** (6): 1129-36.

[105] Scherer, W. F., J. T. Syverton and G. O. Gey (1953). "Studies on the propagation in vitro of poliomyelitis viruses. IV. Viral multiplication in a stable strain of human malignant epithelial cells (strain HeLa) derived from an epidermoid carcinoma of the cervix." *J Exp Med* **97**(5): 695-710.

[106] Schermer, A., S. Galvin and T. T. Sun (1986). "Differentiationrelated expression of a major 64K corneal keratin in vivo and in culture suggests limbal location of corneal epithelial stem cells." *J Cell Biol* **103**(1): 49-62.

[107] Senoo, M., F. Pinto, C. P. Crum and F. McKeon (2007). "p63 Is essential for the proliferative potential of stem cells in stratified epithelia." *Cell* **129**(3): 523-36.

[108] Shehade, S., J. Clancy, A. Blight, K. Young and P. Levick (1989). "Cultured epithelial allografting of leg ulcers." *Journal of Dermatological Treatment* **1**(2): 79-81.

[109] Stevens, L. C. (1970). "The development of transplantable teratocarcinomas from intratesticular grafts of pre- and postimplantation mouse embryos." *Dev Biol* **21**(3): 364-82.

[110] Tamariz, E., M. Marsch-Moreno, F. Castro-Munozledo, V. Tsutsumi and W. Kuri-Harcuch (1999). "Frozen cultured sheets of human epidermal keratinocytes enhance healing of full-thickness wounds in mice." *Cell Tissue Res* **296**(3): 575-85.

[111] Teepe, R. G., R. Koch and B. Haeseker (1993a). "Randomized trial comparing cryopreserved

cultured epidermal allografts with tulle-gras in the treatment of split-thickness skin graft donor sites." *J Trauma* **35**(6): 850-4.

[112] Teepe, R. G., E. J. Koebrugge, M. Ponec and B. J. Vermeer (1990). "Fresh versus cryopreserved cultured allografts for the treatment of chronic skin ulcers." *Br J Dermatol* **122**(1): 81-9.

[113] Teepe, R. G., D. I. Roseeuw, J. Hermans, E. J. Koebrugge, T. Altena, A. de Coninck, M. Ponec and B. J. Vermeer (1993b). "Randomized trial comparing cryopreserved cultured epidermal allografts with hydrocolloid dressings in healing chronic venous ulcers." *J Am Acad Dermatol* **29**(6): 982-8.

[114] Temin, H. M. and H. Rubin (1958). "Characteristics of an assay for Rous sarcoma virus and Rous sarcoma cells in tissue culture." *Virology* **6**(3): 669-88.

[115] Teumer, J., A. Lindahl and H. Green (1990). "Human growth hormone in the blood of athymic mice grafted with cultures of hormone-secreting human keratinocytes." *Faseb J* **4**(14): 3245-50.

[116] Thivolet, J., M. Faure, A. Demidem and G. Mauduit (1986). "Long-term survival and immunological tolerance of human epidermal allografts produced in culture." *Transplantation* **42**(3): 274-80.

[117] Todaro, G. and H. Green (1963). "Quantitative studies of the growth of mouse embyro cells in culture and their development into established lines." *J Cell Biol* **17**: 299-313.

[118] Todaro, G. J. and H. Green (1964). "An assay for cellular transformation by SV40." *Virology* **23**(1):

117-119.

[119] Tseng, H. and H. Green (1994). "Association of basonuclin with ability of keratinocytes to multiply and with absence of terminal differentiation." *J Cell Biol* **126**(2): 495-506.

[120] van Bokhoven, H. and F. McKeon (2002). "Mutations in the p53 homolog p63: allele-specific developmental syndromes in humans." *Trends Mol Med* **8**(3): 133-9.

[121] Vanhoutteghem, A., P. Djian and H. Green (2008). "Ancient origin of the gene encoding involucrin, a precursor of the cross-linked envelope of epidermis and related epithelia." *Proc Natl Acad Sci USA* **105**(40): 15481-6.

[122] Weiss, M. C. and H. Green (1967). "Human-mouse hybrid cell lines containing partial complements of human chromosomes and functioning human genes." *Proc Natl Acad Sci USA* **58**(3): 1104-11.

[123] Werness, B. A., A. J. Levine and P. M. Howley (1990). "Association of human papillomavirus types 16 and 18 E6 proteins with p53." *Science* **248**(4951): 76-9.

[124] Yanaga, H., I. Keisuke, T. Fujimoto and K. Yanaga (2009). "Generating ears from cultured autologous auricular chondrocytes by using two-stage implantation in microtia treatment." *Plastic & Reconstructive Surgery* September, 2009.

[125] Yanaga, H., M. Koga, K. Imai and K. Yanaga (2004). "Clinical application of biotechnically cultured

autologous chondrocytes as novel graft material for nasal augmentation." *Aesthetic Plast Surg* **28**(4): 212-21.

[126] Yanaga, H., Y. Udoh, T. Yamauchi, M. Yamamoto, K. Kiyokawa, Y. Inoue and Y. Tai (2001). "Cryopreserved cultured epidermal allografts achieved early closure of wounds and reduced scar formation in deep partial-thickness burn wounds (DDB) and split-thickness skin donor sites of pediatric patients." *Burns* **27**(7): 689-98.

[127] Yanaga, H., K. Yanaga, K. Imai, M. Koga, C. Soejima and K. Ohmori (2006). "Clinical application of cultured autologous human auricular chondrocytes with autologous serum for craniofacial or nasal augmentation and repair." *Plast Reconstr Surg* **117**(6): 2019-30; discussion 2031-2.

[128] Yang, A., M. Kaghad, Y. Wang, E. Gillett, M. D. Fleming, V. Dotsch, N. C. Andrews, D. Caput and F. McKeon (1998). "p63, a p53 homolog at 3q27-29, encodes multiple products with transactivating, death-inducing, and dominant-negative activities." *Mol Cell* **2**(3): 305-16.

[129] Yang, A., R. Schweitzer, D. Sun, M. Kaghad, N. Walker, R. T. Bronson, C. Tabin, A. Sharpe, D. Caput C. Crum and F. McKeon (1999). "p63 is essential for regenerative proliferation in limb, craniofacial and epithelial development." *Nature* **398**(6729): 714-8.

訳者あとがきと謝辞

本書の翻訳にあたって、お世話になりましたコロナ社に心から感謝いたします。また，外国人研究者の名前の正確な発音について教示してくれた留学生のセバスチャン・スヨーヴィスト氏に心より感謝いたします。本訳書を今は亡き偉大な細胞生物学者ハワード・グリーン先生に捧げます。

【英字】

索　引

——訳者略歴——

1989年　東京大学教養学部基礎科学科卒業
1991年　東京大学大学院理学系研究科博士前期課程修了（相関理化学専攻）
1994年　東京大学大学院理学系研究科博士後期課程修了（相関理化学専攻）
　　　　博士（理学）
1994年　日本大学助手
1997年　日本学術振興会 博士研究員
1998年　東京女子医科大学助手
2001年　東京女子医科大学講師
2003年　東京女子医科大学助教授
2007年　東京女子医科大学准教授
2008年　東京女子医科大学教授
　　　　現在に至る

培養細胞による治療

Therapy with Cultured Cells

2017年12月18日　初版第1刷発行　★

検印省略

訳　者　大和（やまと）　雅之（まさゆき）
発行者　株式会社　コロナ社
　　　　代表者　牛来真也
印刷所　萩原印刷株式会社
製本所　有限会社　愛千製本所

112-0011　東京都文京区千石4-46-10
発行所　株式会社　コロナ社
CORONA PUBLISHING CO., LTD.
Tokyo Japan
振替00140-8-14844・電話(03)3941-3131(代)
ホームページ　http://www.coronasha.co.jp

ISBN 978-4-339-06755-2　C3045　Printed in Japan　（大井）